알기쉬운 최신
반도체의 동작원리

반도체업계 종사자에게 필요한 지식을 친절하게 해설!

니시쿠보 야스히코 지음 | 정학기 옮김

최신 원리를 해설!

전자와 에너지 대역을 한권으로 철저하게 해설!

난해한 기술용어도 충실한 해설로 확실히 이해!

●트랜지스터●N형●P형●PN접합●에너지 대역●다이오드
●전기저항●원자구조●집적회로●금지대●광전효과●전도대
●가전자대●자유전자와 정공●전계효과●스위칭 동작●CMOS 동작
●절연체

주의

(1) 이 책은 저자가 독자적으로 조사한 결과를 출간한 것입니다.

(2) 본서는 내용에 대하여 만전을 기하여 작성하였습니다만, 만일 의심스러운 점이나 오류, 누락 등 문제점이 있으시면 출판사에 서면으로 연락주시기 바랍니다.

(3) 설명서의 내용이나 사용 결과의 영향에 대해서는 위 (2) 항에도 불구하고 책임을 지지 않습니다. 미리 양해 해 주십시오.

(4) 문서의 전부 또는 일부에 대하여 출판사의 서면 승인을 받지 않고 복제하는 것은 금지되어 있습니다.

(5) 상표
    이 문서에 설명되어 있는 회사명, 제품명 등은 일반적으로 각사의 상표 또는 등록상표입니다.

집필에 있어서 가장 심혈을 기울였던 부분은 "가능한 한 알기 쉽게" 서술하는 것이었습니다만 이 책의 내용이 매우 어렵고 대부분은 「난해한 기술 용어가 많아 초보자에게는 읽기 어려울 것」으로 생각하고 있습니다. 이와 같은 마음으로, 「도해 입문 알기 쉬운 최신 반도체의 기본과 구조」도 개정 3판을 거듭해, 최신 기술을 담으면서 "가능한 한 알기 쉽게" 서술하기 위하여 노력하였습니다. 그러나 반도체 기술은 배워야 할 학술 영역이 매우 넓어 전술한 서적의 목차를 보면, 「1. 반도체란 무엇인가?」 「2. IC, LSI란 무엇인가?」 「3. 반도체 소자의 기본 동작」 「4. 디지털 회로의 원리」 「5. LSI 개발과 설계」 「6. LSI 제조의 전공정」 「7. LSI 제조 공정의 후공정과 실장 기술」 「8. 대표적인 반도체 디바이스」 「9. 반도체 미세화는 어디까지」 등 매우 광범위합니다.

이와 같이 광범위한 영역을 한 번에 초보자가 배우는 것은 반도체 기술을 익힌다는 의미에서는 물론 유익하겠지만 역시 어려울 것입니다. 특히 반도체나 트랜지스터의 동작 원리에 대해서는 난해하고 이해하기 어려울 것입니다. 저자도 사실 업계에 처음 입문하기 시작했을 무렵에는 "PN 접합", "에너지 대역"이라는 문구가 나오면 "읽고 싶다"라는 마음이 들었습니다.

그래서, 이 책은 「도해 입문 알기 쉬운 최신 반도체의 기본과 구조」와 차별화를 두기 위하여, 「읽고 싶다」라는 마음을 가지도록 「반도체란 무엇인가?」 「IC, LSI란 무엇인가?」 「반도체 소자의 기본 동작」 등에 관하여 1~3장에 집필하였습니다. 앞서 발간한 「고등학교 수학에서 알 수 있는 반도체의 원리(다케우치 준)」 「그림으로 알 수 있는 반도체와 IC(오카베 요이치)」 등을 참고로 하여 "PN 접합", "에너지 대역" 그리고 "CMOS 동작"의 난해함을 돌파할 수 있도록 도해로 세심하게 설명하였습니다.

또 「용어집」에서 반도체 입문자에게 필요한 지식을 간결하게 해설하였습니다. 이 책이 반도체 입문자가 가장 난해하게 생각했던 「반도체 동작 원리」의 이해에 조금이라도 도움이 되었으면 기쁘겠습니다.

2022년 11월
저자

역자 머리말

반도체 산업은 세계 정치, 경제, 사회 및 과학 분야에 지대한 영향을 미치며 발전하고 있다. 반도체 산업의 특성상, 학제 간 융합이 이루어지고 있어 단지, 특정한 분야에 국한된 분야가 아니라 모든 학문 분야에 걸쳐 인과관계가 형성되고 있다. 이러한 반도체 분야에 대한 지식을 익히고 연구하는 것은 나라의 경제 발전을 이룩하는데 초석이 될 뿐만 아니라 정치적, 경제적인 지배력까지 영향을 미치고 있다. 특히 강대국인 미국과 중국의 반도체 기술 확보를 위한 보이지 않는 패권전쟁은 우리나라의 미래에도 영향을 미치고 있다. 이에 반도체 분야를 공부하고 있는 공학도들에게는 실로 우리나라의 경제를 이끌어 나갈 의무감이 있다고 생각된다. 반도체 산업은 우리나라 경제의 대들보로써 성장하였으며 향후 미래 먹거리의 초석이 될 것임은 자명한 일이다. 특히 세분화되고 있는 이 분야에서 많은 인재의 교육과 심도있는 연구는 우리나라의 경제발전을 더욱 가속화할 것이다.

모든 학문 분야에 해당하는 이야기지만 한 분야의 전문가가 된다는 것은 실로 뼈를 깎는 노력이 필요할 것이다. 반도체 분야에서도 마찬가지이며 특히 광범위한 학문 분야를 다루고 있어 더욱 그 노력은 배가되어야만 할 것이다. 그러나 처음 반도체 분야를 공부하고자 하는 독자들에게는 그리 쉽게 접근할 수 있는 분야는 아니며 공부해 나갈수록 점점 더욱 큰 장벽과 마주칠 것이다. 역자도 40년 이상을 반도체 분야에서 많은 연구 및 후진 양성에 정진하고 있지만 그 발전 속도를 따라가기는 그리 녹녹치 않음을 느끼고 있다. 그러나 원칙은 있으며 특히 벽에 부딪힐 때마다 느끼는 것은 "기본적인 사항의 완벽한 이해"라고 생각된다. 기본을 이해하지 못하면 복잡하고 난해한 반도체 분야의 난제를 해결하기란 쉽지 않을 것이다.

이 서적은 저자도 이야기한 바와 같이 "반도체의 기본을 익히기"에 안성맞춤인 교재라고 생각되어 번역하기에 이르렀다. 반도체 산업은 기본적인 재료 분야에서부터 소자 및 회로의 구성, 설계 그리고 제조에 이르기까지 매우 광범위한 분야를 다루고 있다. 이에 이 서적을 이용하여 반도체 분야를 익히고자 하는 초보자에게 가장 적당한 교재로 생각되며 이 교재를 바탕으로 더욱 심오한 반도체 분야의 서적에 접근할 수 있는 계기를 마련할 수 있다고 생각된다. 이 서적이 반도체 공부의 완성이 아니라 시작이라고 생각하고 읽어주기를 바란다.

2024. 4
역자 씀

목차

신문이나 TV 등에서 자주 언급되는 반도체란?
반도체의 역할, 종류, 모양, 제조 방법, 산업 형태

2장

물리·화학으로 공부하는 반도체의 진정한 의미와 특성을 이해하자!
도체·절연체·반도체의 차이, P형 반도체·N형 반도체의 특성

3장 반도체 소자의 기본적인 다이오드, 트랜지스터 및 CMOS의 동작 원리를 배우자!
PN 접합, 바이폴라 트랜지스터, MOS 트랜지스터, CMOS

4장 용어집 141

1장

신문이나 TV 등에서
자주 언급되는 반도체란?

반도체의 역할, 종류, 모양, 제조 방법, 산업 형태

반도체는 실리콘 등의 반도체 재료로 만들어진 집적회로라는 전자부품의 총칭이다.
반도체의 역할, 무엇으로 만들어졌는지, 미세화가 진행되어 바이러스보다 작은 크기
가 무엇을 의미하는지 등, 반도체를 제조하는 방법 그리고 산업 형태까지 이 장에서
개요를 설명한다.

1.1 정보사회에 필수적인 반도체란?

반도체는 실리콘 등의 반도체 재료로 만들어진 집적회로(IC, LSI)라고 하는 전자부품의 총칭이다. 집적회로가 실장되고 있는 패키지도 고성능화 · 초박형화가 진행되고 있다.

▶ 반도체란 무엇인가?

우리가 생활하는 현대 IT(Information Technology) 사회에서 신문, TV 등에서는 반도체라는 말이 매일 등장하고 있다. 과연 반도체는 무엇일까?

우리의 삶은 각종 전자기기의 등장으로 급속히 변화하면서 편리함을 추구하고 있다. 컴퓨터와 스마트폰에 의해 IT 사회가 발전하여, 가전제품은 점점 새로운 기능을 갖추면서 생활은 안전하고 점점 편리하게 변화하고 있다. 이들의 기초가 되는 것이 반도체이다.

반도체는 실리콘과 같은 반도체 재료로 만들어진 집적회로라고 불리우는 전자부품의 총칭이다. 단 1개의 CPU 능력이 옛날 대형 컴퓨터의 기능을 훨씬 능가하게 되었다.

또한 작은 우표 크기의 SD 카드에 512GB의 데이터를 담아 이미지 등의 대용량 데이터를 지니고 다니는 것도 가능하게 되었다. 이와 같이 소형화 · 박형화, 배터리 사용의 장수명화 등에 기여하고 있는 것은 슈퍼 전자부품인 반도체이다.

반도체 제조에서는 실리콘 웨이퍼 상에 사진 인쇄 기술을 이용하여 100만에서 수억 개의 반도체 소자(기존의 트랜지스터나 저항, 콘덴서 등에 상당하는 미크론 단위 이하의 전자부품)를 제작한다.

완성된 실리콘 웨이퍼에는 작은 실리콘 칩(10mm×10mm 정도의 페렛트)이 바둑판과 같이 수백 개 이상 배치되며 그중 하나가 종래의 전자부품을 다수 탑재한 프린트 기판(전자회로 보드)과 같은 기능을 지니고 있다.

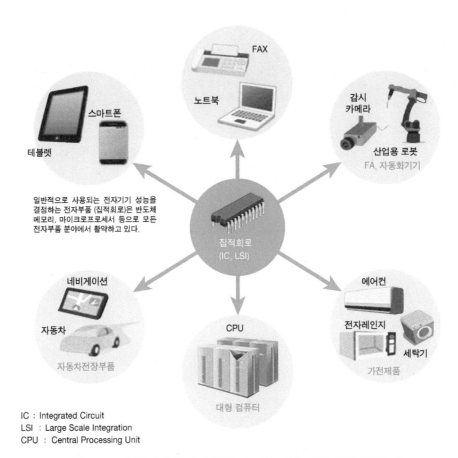

일반적으로 사용되는 전자기기 성능을 결정하는 전자부품 (집적회로)은 반도체 메모리, 마이크로프로세서 등으로 모든 전자부품 분야에서 활약하고 있다.

IC : Integrated Circuit
LSI : Large Scale Integration
CPU : Central Processing Unit

그림 1-1-1 신문이나 잡지에 연일 기고되고 있는 반도체의 의미는?

▶ 반도체 패키지

실리콘 웨이퍼에서 칩을 하나하나 잘라내어 패키지에 봉입한 것이 집적회로(IC, LSI)이다. 이 작은 칩을 패키지에 탑재하여 집적회로의 능력을 보이는 것이 현재 고도의 정보통신 사회를 만들어 내고 있는 원동력인 슈퍼 전자부품이다.

집적회로를 실장하는 패키지에는 여러 종류가 있으며 전자기기의 고성능화 · 박형화 · 소형화 등의 요구에 부응하기 위하여, 다핀화, 초박소형화가 점점 진행되고 있다. 스마트폰의 초고성능 · 장수명화에는 패키지 기술의 고도화도 크게 관련되어 있다.

▶ 반도체 패키지 기술 과제

❶ 소형 · 경량화

❷ 박형화

스마트폰을 대표하는 모바일 기기에서는 박형화가 필수적이다.

❸ 다핀화(고밀도화)

컴퓨터 및 네트워크 장비의 경우 1,000~2,000 핀을 초과하는 핀수가 필요하다.

❹ 고속화

휴대전화에서는 5G세대를 맞아 3.7GHz대(3.6~4.2GHz), 4.5GHz대(4.4~4.9GHz) 및 28GHz대(27.0~29.5GHz)의 대응이 필요하다.

❺ 고방열화

시스템 LSI에서는 발열량도 10W를 넘게 되어 방열성이 좋은 기판 재료 및 방열기 일체형 설계도 중요해지고 있다.

그림 1-1-2 각종 집적회로(IC, LSI)의 패키지

1.2 반도체의 역할과 제품의 종류

반도체가 전자회로 기능(전자기능)으로 수행하는 역할에는 크게 다음과 같은 3가지 기본적인 동작이 있다. ① 전기 신호 증폭, 스위칭 ② 전기에너지를 빛으로 변환 ③ 빛을 전기에너지로 변환.

▶ 반도체의 역할과 기본 동작

반도체(집적회로)가 현재 사회 인프라를 지원하는 중요한 요소임을 잘 알고 있을 것이다. 여기서 반도체가 전자회로 기능으로서 어떠한 기능을 하고 있는지, 그 역할과 그에 상응한 반도체 제품을 설명한다.

❶ 전기신호 증폭, 스위칭

반도체의 역할 중 하나는 전자회로의 전압과 전류를 제어함으로써 작은 전기신호를 크게 하는 증폭작용으로 아날로그 회로로 구성된다.

라디오, TV, 스마트폰 등 모든 제품이 미세한 전파를 안테나로 수신하여, 그것을 증폭하고 신호처리 회로를 거쳐 음성, 화상으로 복원하고 있다.

두 번째는 전기신호의 스위칭 작용 (ON, OFF)이다. 반도체의 ON과 OFF의 값을 "0"과 "1"로 치환한 디지털 회로로 구성한다.

위의 증폭회로, 디지털 회로 등을 구현하여 컴퓨터, 스마트폰 등의 집적회로(IC, LSI)가 되는 것이다.

- 반도체 메모리 (DRAM, 플래시 메모리)
- 마이크로컴퓨터
- CPU
- GPU
- 통신용 IC
- 아날로그 IC (증폭/신호처리)

- 디지털 IC (디지털 신호처리)
- AD 컨버터
- DA 컨버터

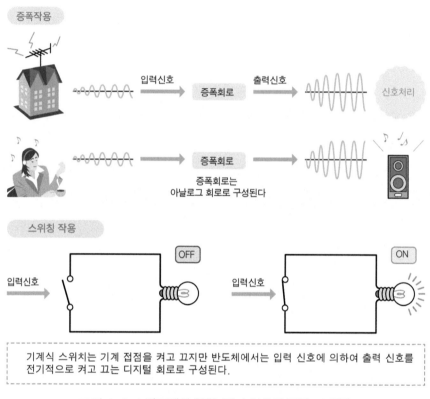

그림 1-2-1 반도체의 역할–전기 신호의 증폭, 스위칭

❷ 전기에너지를 빛으로 변환

반도체는 전기에너지를 빛으로 변환한다. 이에는 LED 전구나 신호등의 발광 다이오드, 광통신에 사용하는 레이저 다이오드 등이 있다. 주변의 예로는 TV 리모컨이 있다. TV를 향해 스위치를 조작하면 적외선 (발광 다이오드)으로 제어 신호가 발광·송신된다. (또한 TV에는 제어 신호를 수신하기 위한 적외선 광다이오드를 사용한다.)

- 발광 다이오드
- 레이저 다이오드

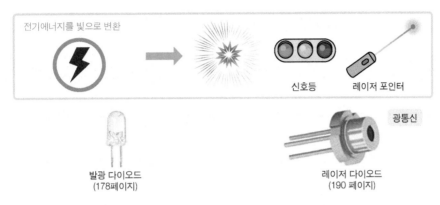

그림 1-2-2 반도체의 역할-전기에너지를 빛으로 변환

❸ 빛을 전기에너지로 변환

반도체는 빛을 전기에너지 신호로 변환한다. 태양광을 전기에너지로 변환하는 것이 태양 전지 패널(태양 전지)이다. 스마트폰이나 디지털카메라의 이미지 센서는 물체의 빛을 전기 신호(이미지)로 변환한다.

- 광다이오드
- 이미지 센서

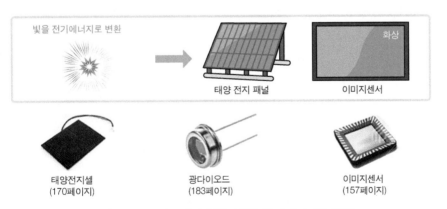

그림 1-2-3 반도체의 역할-빛을 전기에너지로 변환

IC, LSI에는 트랜지스터, 다이오드 등이 실리콘웨이퍼에 탑재되어 있다

프린트 기판 수십 장으로 구성된 전자기기가 실리콘 칩 1개의 집적회로(IC, LSI)가 된 것은 반도체 소자의 미세화·고성능화 등 수많은 혁신적 기술이 있었기 때문이다.

▶ 반도체의 혁신 기술

실리콘 웨이퍼에, 저항, 콘덴서, 다이오드, 트랜지스터 등의 개별 전자부품을 사진 인쇄 기술(29 페이지)을 이용한 미세 가공 기술에 의해 반도체 소자로서 일괄하여 회로를 형성한 것이 집적회로(IC,LSI)이다.

1개의 실리콘 칩에는 반도체 소자(개별 전자부품) 100만~수억 개도 탑재되어 있다.

이와 같이 슈퍼 전자부품으로써의 지위를 확립할 수 있었던 것은, 종래의 전자기기(전자부품)에 비해, 앞으로 설명할 혁신적 기술이 있었기 때문이다.

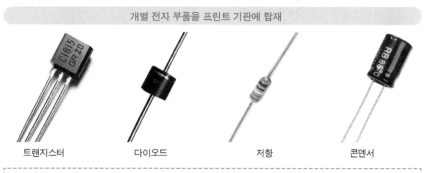

개별 전자 부품을 프린트 기판에 탑재

트랜지스터   다이오드   저항   콘덴서

IC가 등장하기 전에는 개별 전자부품을 프린트 기판에 실장하여 전자회로를 구성하고 있었다. 따라서 전자 시스템에는 수십 개의 PCB가 필요하였다.

프린트 기판

프린트 기판(Printed Circuit Board; PCB) : 전기 회로가 배선되어 있는 프린트 배선판에
트랜지스터, 저항, 콘덴서 등의 전자부품을 실장한 것.

개별 전자부품과 등가 기능을 가진 100만~수억 개의 반도체 소자를 미세 가공 기술을 이용한 반도체
제조 공정(반도체 프로세스)에 의해 반도체 기판(실리콘 웨이퍼) 상에 일괄하여 전자회로를 형성한다.

그림 1-3-2로

그림 1-3-1 다수의 반도체 소자를 실리콘웨이퍼에 집적한 IC, LSI

❶ 고집적화로 전자 시스템을 원칩으로 실현하여 초소형화 · 초경량화

기존의 전자 시스템 기능을 100만~수억 개의 반도체 소자를 탑재한 시스템 LSI 1개로 실
리콘 칩에 집적하여 프린트 기판(186페이지) 수십 장(반도체 전자부품 수백~수천만 개 상당)
의 전자회로를 수 mm^2~1 cm^2 위의 1개의 실리콘 칩으로 초소형화 · 초경량화를 실현하였다.

❷ 동작 처리 속도 향상에 의한 고성능화

트랜지스터 등의 미세화에 더해 반도체 소자나 회로 간의 배선 길이의 감소로 인하여 컴퓨
터, 스마트폰 등의 동작 처리 속도가 수 GHz까지 증가하여 현저히 고성능화되었다.

❸ 저소비 전력화로 모바일 기기 실현

트랜지스터 등을 미세화 함으로써 기생 용량(트랜지스터 형상 등 구조상 필연적으로 발생하는 부하의 용량)이나 부하저항이 감소하여 소비 전력의 대폭적인 감소를 도모할 수 있었다.

❹ 가격 인하로 인한 전자기기의 염가·고기능화

1장의 실리콘 웨이퍼에 회로 칩(전자회로)을 수백~수천 개 작성할 수 있어 대폭적인 가격 인하를 가능하게 하였다. 또한 실리콘 웨이퍼의 대구경화(수인치에서 현재 주로 사용하는 300mm로)도 양산 효과에 크게 공헌하였다.

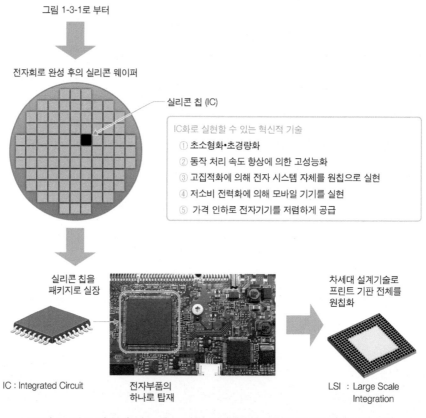

그림 1-3-1로 부터

전자회로 완성 후의 실리콘 웨이퍼

실리콘 칩 (IC)

IC화로 실현할 수 있는 혁신적 기술
① 초소형화·초경량화
② 동작 처리 속도 향상에 의한 고성능화
③ 고집적화에 의해 전자 시스템 자체를 원칩으로 실현
④ 저소비 전력화에 의해 모바일 기기를 실현
⑤ 가격 인하로 전자기기를 저렴하게 공급

실리콘 칩을
패키지로 실장

차세대 설계기술로
프린트 기판 전체를
원칩화

IC : Integrated Circuit

전자부품의
하나로 탑재

LSI : Large Scale
Integration

그림 1-3-2 다수의 반도체 소자를 실리콘 웨이퍼 위에 집적하는 IC, LSI

1.4 실리콘 웨이퍼 상에 제작하는 실제 반도체 소자 크기

단일 저항, 콘덴서, 다이오드, 트랜지스터 등은 개별 전자부품이라고 하며, 이러한 기능을 실리콘 웨이퍼에 집적했을 경우, 기능은 동일해도 반도체 소자라고 하며, 그 크기는 0.01~0.2μm이하이다.

▶ 반도체 소자의 크기

단일 저항, 콘덴서, 다이오드, 트랜지스터 등은 개별 전자부품이라고 하며, 이러한 기능을 실리콘 웨이퍼에 집적한 경우는 기능은 동일해도 반도체 소자라고 부른다.

프린트 기판의 시대에는 개별 부품이 10mm 정도(현재는 전자부품의 칩화가 진행되어 수 mm 정도의 크기이다.)이었던 것이, 현재 실리콘 웨이퍼 상의 반도체 소자에서는 $0.01\mu m$ 이하의 크기이다.

반도체 소자로서의 저항은 반도체 기판 위에 절연막(28페이지)이나 폴리실리콘(60페이지) 등으로 형성된다. 저항은 높은 저항 값에는 적합하지 않으며 온도 안정성 (온도 특성에 따른 변화)도 개별 부품에 비해 저하된다.

콘덴서 용량은, 보통 면적을 크게 제작하여 수 pF(피코 패러드 : 피코는 1조분의 1, 패러드는 콘덴서 용량의 단위)까지 구현 가능하나 한계가 있으므로 잘 사용하지 않고 가능한 한 작은 용량의 콘덴서로도 기능을 만족하는 회로 방식을 이용한다.

실리콘 웨이퍼 상에 코일의 구현은 콘덴서보다 더욱 어려워 특별한 고주파용 IC 이외에는 사용하지 않고 있다.

따라서 집적회로에서는 아날로그 회로를 디지털 회로로 교체하는 등, 등가 전자회로를 사용하여 구성하며, 저항이나 콘덴서 등을 이용하는 것보다 훨씬 작은 면적으로 소비 전력도 작은 고성능 전자회로를 구현하고 있다.

▶ 반도체 소자의 소자 분리 및 금속 배선

실리콘 웨이퍼 상의 개별 반도체 소자는 전기적으로 간섭하지 않도록 서로의 소자 간 분리 (소자 간 절연)가 필요하다. 소자 분리 방법은 반도체 PN 접합의 역방향 바이어스를 기본적 으로 이용하며, 실리콘 산화물(절연체)에 의한 분리 방식을 이용하여 구현한다. 절연체에 의 한 소자 분리 방법에는 크게 2가지가 있으며, 이는 LOCOS(Local Oxidation of Silicon)와 STI (Shallow Trench Isolation) 방법이다.

또한 개별 반도체 소자는 전극·금속 배선(종래는 알루미늄이 사용되고 있었지만, 최근에는 저항이 작은 구리 등도 사용)에 의해 연결되어 전자회로를 구성하며 그것을 다수 조합하여 점 차적으로 고성능의 블록을 구현하여 최종 사양·성능을 만족하는 전자기기에 필요한 IC를 구 현한다.

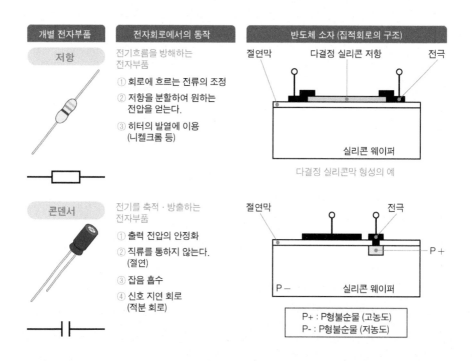

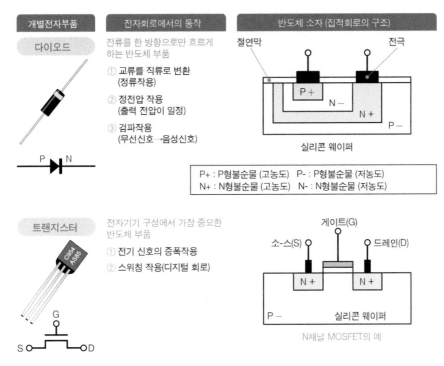

그림 1-4-1 개별 전자부품과 실리콘 웨이퍼 상의 반도체 소자

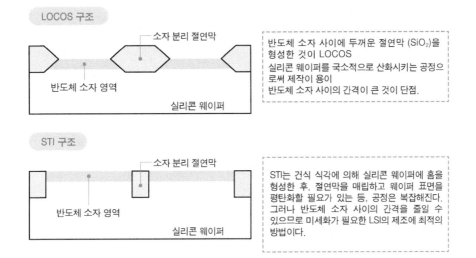

그림 1-4-2 실리콘 웨이퍼 상에서 소자 분리 방법

1.5 반도체 소자의 실제 크기는 바이러스보다 작다

반도체의 혁신적 기술 중에서 가장 효과적인 것은 반도체 소자 크기의 미세화에 의한 것이다. 미세화된 트랜지스터 형상, 금속 배선 (배선 폭, 선간 폭, 길이) 등이 전자기기의 고성능화에 크게 기여하고 있다.

▶ 트랜지스터 크기 미세화에서의 3대 효과

그림 1-5-1은 반도체 제조의 역사 속에서 연대별로 미세화 되어 온 트랜지스터 형태를 비교한 것이다. (그림의 면적 비교는 정확히 도시한 것이다.).

미국 인텔이 최초로 CPU(프로세서)를 발표한 1971년과 현재 2023년을 비교해 보면, 그 한 변의 크기는 3/10,000, 면적으로는 1/10,000,000이 되었다.

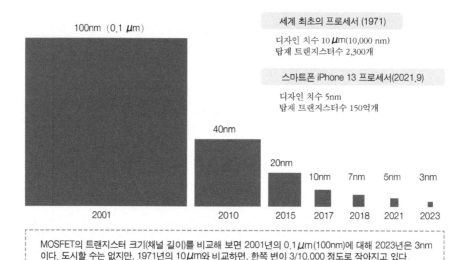

100nm (0.1 *μ*m)

세계 최초의 프로세서 (1971)
디자인 치수 10 *μ*m(10,000 nm)
탑재 트랜지스터수 2,300개

스마트폰 iPhone 13 프로세서(2021.9)
디자인 치수 5nm
탑재 트랜지스터수 150억개

40nm

20nm

10nm   7nm   5nm   3nm

2001   2010   2015   2017   2018   2021   2023

MOSFET의 트랜지스터 크기(채널 길이)를 비교해 보면 2001년의 0.1 *μ*m(100nm)에 대해 2023년은 3nm 이다. 도시할 수는 없지만, 1971년의 10 *μ*m와 비교하면, 한쪽 변이 3/10,000 정도로 작아지고 있다.

그림 1-5-1 반도체 미세화는 엄청난 기세로 진화하고 있다(연도별 크기 비교).

그림 1-5-2는 2022년 당시 LSI의 최소 치수 폭 3nm의 패턴과 바이러스의 비교이다. IC 에서 최첨단 트랜지스터 크기 (채널 길이 : 3nm)는 코로나 바이러스보다 수십 배 작다.

최근 20년 동안 급속히 미세화가 진행되어 전자기기의 고성능을 가속화 한 미세한 트랜지 스터로 인한 3대 효과는 다음과 같다.

❶ 동작 주파수 고속화 (CPU의 고속 처리)

IC에 사용하는 MOSFET (119 페이지)의 고속성은 MOSFET의 채널 길이에 의존한다. 3장 (118 페이지)에서 자세히 설명하겠지만 채널 길이가 짧을수록 (트랜지스터 크기가 작을수록) MOSFET의 스위칭 속도가 증가하여 동작 주파수가 높아진다.

❷ 소비 전력 감소

IC 동작 시의 전력 소비는 트랜지스터의 ON, OFF에 의한 것이다. 트랜지스터 크기를 부 하 용량(콘덴서)이라고 생각하면, ON, OFF시의 충전, 방전이 소비 전력이 된다. 1개의 트랜 지스터에 의한 소비 전력은 작아도, 100만~수억 개를 탑재한 IC에서는 매우 크게 된다.

또한 소비 전력의 저감은 전지 수명을 연장하는 것뿐만이 아니라, 열 발생에 의한 고온 동 작 불량을 방지할 수 있어 냉각 장치의 소형화에도 기여한다.

❸ 집적도(원칩에 탑재하는 트랜지스터 수)의 증대

트랜지스터 크기를 미세화 함으로써, IC에 탑재할 수 있는 트랜지스터 수는 폭발적으로 증 가하여, 종래는 큰 케이스에 담고 있었던 전자기기를 1개의 원칩에 탑재할 수 있게 되었다. 즉 전자 시스템 그 자체가 1개의 IC로 구현할 수 있게 된 것이다.

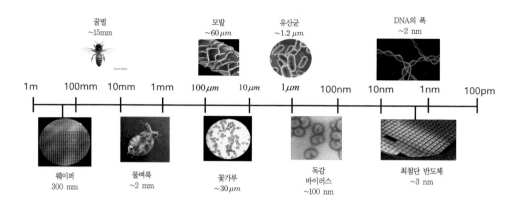

위 그림에서 최첨단 반도체의 이미지는 2022년 당시에 3nm 칩으로 양산화하고 있던 제품이다. 현재 최첨단 IC의 최소 선폭은 3nm 이하에 이르고 있어 코로나 바이러스 크기의 1/1,000 정도이다.

그림 1-5-2 최첨단 반도체의 최소 선폭은 3nm, 인플루엔자 (코로나) 바이러스보다 훨씬 작다.

최첨단 반도체 미세 가공 기술에서는 나노미터 (nm=100만의 1mm)단위로 가공 정밀도가 필요하다. l nm란 지구 위에 세워진 AA 건전지를 보는 것과 같은 크기이다.

출처 : 도쿄 응화(Tokyo Ohka Kogyo:tok)의 홈페이지를 참고하여 작성

그림 1-5-3 미세가공이 진행되고 있는 1nm란?

모든 기능을 원칩화, 시스템 LSI

시스템 LSI란 모든 기능을 구현하기 위해 과거에는 복수의 LSI가 필요했던 것을 1개의 반도체 칩에 정리해 모든 시스템 기능을 탑재한 것이다. 따라서 SOC(System On a Chip)라고도 한다.

▶ 시스템 LSI

시스템 LSI는 MPU(마이크로프로세서), 메모리 등의 범용 블록 외에 개발하는 전자기기의 사양에 따라 기능 블록(이미지 처리 등의 전용 회로 기능을 LSI 탑재로 하나의 블록으로 생각한 것으로, 코어셀, 마크로셀 등 다양하게 불리고 있다.)이나 ASIC(143 페이지 : 특정 용도용으로 개발한 전용 기능 회로)를 탑재하고 있다.

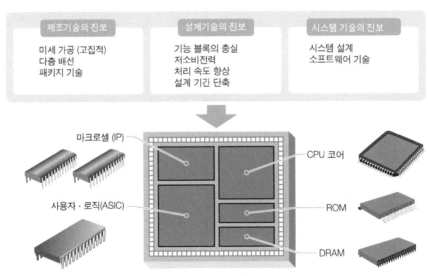

사용자 · 로직: 민생기기, 산업기기용으로 개발한 특정용도 로직(논리회로) IC
ASIC : application specific integrated circuit

그림 1-6-1 모든 기능을 원칩화한 것이 시스템 LSI

이러한 시스템 LSI가 가능해진 배경에는 제조기술(미세가공, 다층배선, 패키지기술)의 진보, 설계기술(기능 부품의 충실, 저소비전력, 처리 속도 향상, 설계 기간 단축)의 진보와 시스템 기술(시스템 설계, 소프트웨어 기술)의 진보가 있다.

현재의 디지털 가전, 차량용 반도체의 설계·제조 시에는 그 제품 사양(요구 성능)을 자세하게 파악하여야만 한다. 시스템 LSI의 개발원이 고객의 요구를 피부로 느끼고 대응해야 타사와의 차별화를 도모한 고품질·고기능·단기간의 개발이 가능하게 될 것이다.

▶ 최신 시스템 LSI의 예 「MacBook Air」

최근의 시스템 LSI의 대표라고 할 수 있는 제품에는 신형 「MacBook Air」에 탑재한 「Apple M1」이 있다.

반도체 제조에는 5nm 공정이 채용되어 160억 개의 트랜지스터가 탑재되어 있다. 1개의 칩에 8개의 CPU가 탑재된 이른바 멀티 코어 프로세서이다.

멀티 코어 기술에서는 두 배의 연산 성능을 얻으려고 할 경우, 싱글코어로 2배의 동작 주파수로 하는 것보다 동작 주파수를 동일하게 하고 2개의 CPU를 이용한 듀얼 코어로 수행하는 것이 저소비 전력으로 구현할 수 있다. 싱글 코어에서 동일한 연산 성능을 얻으려면 동작 주파수를 높이고 (소비 전력은 동작 주파수에 비례) 전원 전압도 높여야 (소비 전력은 전원 전압의 제곱에 비례)할 필요가 있다. 그 결과, 듀얼 코어(CPU가 2개)의 경우보다 소비 전력이 커지게 된다. 그 때문에 복수의 코어를 탑재해 작업을 분산하는 것으로 작업 효율을 높이고 있다.

그러나 프로세서 성능은 CPU를 2개 사용했다고 해서 단순히 동작 속도가 2배 증가하는 것은 아니다. 멀티 코어 프로세서 성능을 원하는 값으로 만들려면 여러 CPU 동작으로 인한 효과적인 프로그램 분산(병렬 처리)이 매우 중요하다.

「M1」은 그 밖에도 고속 처리가 필요한 경우에는 8개의 CPU 코어 모두에서 처리가 실행되고, 고속처리가 필요하지 않을 경우에는 고효율 코어에서만 실행하도록 동작시켜 전력 소비를 줄이는 등 최신 기술이 포함된 시스템 LSI이다.

Memo

1.7 반도체로 어떻게 제조되는가?

제조과정은 전공정(웨이퍼 공정) 후공정(조립, 실장 공정)으로 분류할 수 있다. 사전에 포토마스크(IC 패턴 원판)와 실리콘 웨이퍼(반도체 기판)를 준비해야 한다. 최종 검사 공정을 거쳐 출하된다.

▶ 전공정 (웨이퍼 공정)

전공정(웨이퍼 공정)은, 실리콘 기판(실리콘 웨이퍼)에, 수백만 개~수억 개의 트랜지스터나 다이오드 등을, 아래 ①~⑥의 공정을 순차적으로 반복함으로써 형성해 나가는 공정이다. 최신 고성능 반도체에서는 이 반복되는 공정이 400~600 단계에 이른다.

① 막제조 : 트랜지스터 등의 형상, 절연막(산화막·소자 분리막)이나 금속 배선 층인 알루미늄 등의 박막을 생성.

② 리소그래피 : 포토마스크의 패턴을 노광장치에 의해 감광제(레지스트)를 도포한 실리콘 웨이퍼에 전사하여 현상함으로써 원하는 박막층 형상을 생성.

③ 식각 : 약품이나 이온의 화학반응(부식작용)을 사용하여 형성된 박막층의 형상 가공.

④ 불순물 확산 : 이온 주입 장치에 의해 반도체 소자의 구성에 필요한 P형이나 N형의 반도체 영역 형성.

⑤ 또한 각 공정 간의 웨이퍼 세정이나 웨이퍼 표면을 연마와 숫돌로 기계적으로 평탄화하는 CMP(Chemical Mechanical Polishing : 145 페이지) 공정도 필요에 따라 실시한다.

⑥ 전공정 완료 후에는 웨이퍼를 검사하여 양질의 칩만을 선택하여 후공정에 들어간다.

- 포토마스크 (IC 제조 공정에 사용되는 IC 패턴 원판)
- 실리콘 웨이퍼 (IC가 만들어지는 반도체 기판)

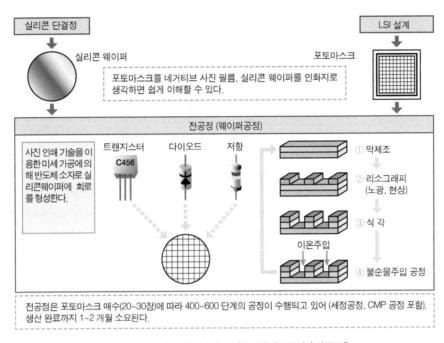

그림 1-7-1 반도체가 제조되는 전체 공정 (전공정)

▶ 웨이퍼 검사

전공정이 종료되면, 웨이퍼 공정 완료 시에 양질의 칩만을 선택하기 때문에, IC/LSI 테스트시스템에 의한 검사를 수행하여 양품만이 후공정으로 보내진다.

▶ 후공정 (조립, 실장 공정)

후공정은 이하의 흐름으로 수행된다.

① 다이싱 : 웨이퍼를 하나하나의 IC 칩(다이)으로 절단.

② 마운트(다이본딩) : 절단된 다이를 리드프레임 (금속 기판)에 접착.

③ 본딩 : 마운트된 다이와 리드 프레임을 금선 등으로 연결.

④ 몰딩 : 다이를 몰드 수지 등으로 봉입하여 물이나 오염으로부터 보호

⑤ 마무리(마킹) : 리드프레임을 1개 1개의 패키지로 분리 · 정형, 마킹(형식명 각인)하여 IC 완성.

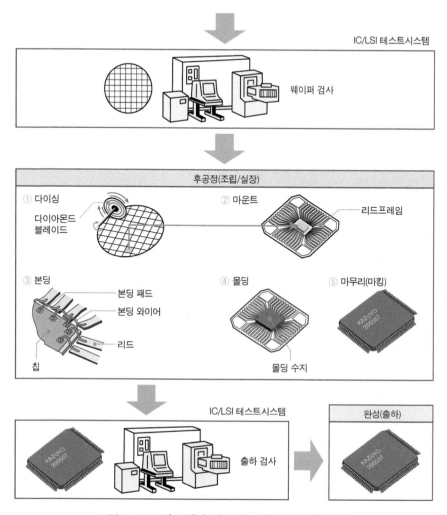

그림 1-7-2 반도체가 제조되는 전체 공정 (후공정)

▶ 출하 검사 (패키지 후 불량품을 제거하는 최종 검사)

출하 검사는 다음과 같다.

① 제품 검사(전기적 특성 검사, 외관 검사).

② 신뢰성 검사 (환경시험, 장기 수명 시험 등).

③ 초기 불량품의 선별 (온도, 습도, 전압 등의 스트레스 가속 시험).

1.8 반도체 산업은 최첨단 기술의 결집으로 구성

반도체 산업의 주요 업체는 반도체 소자를 제조하고 있는 반도체 메이커로서 산업 형태는 3개로 분류할 수 있다. 반도체 산업은 반도체 제조업체와 이를 지원하는 제조 장비 · 검사/설계 장비 · 재료 · 부품과 같은 반도체 관련 기업으로 구성되어 있다.

▶ 반도체 제조업체의 산업 형태

반도체 산업이 시작된 이래 대부분의 메이커가 반도체 전체 제품에 대해 설계 · 개발 · 제조 및 판매까지 단일 회사에서 취급하는 수직 통합형(IDM형)으로 백화점형 종합 반도체 기업이었다. 그러나 반도체의 급성장이 시작된 1990년대부터 양상은 급변하였으며 자사가 자랑하는 제품에 집중적으로 자원을 투자하는 특정 제품 반도체 메이커가 출현하였다.

이 시기에 맞추어 제품뿐만 아니라 반도체 비즈니스 측에서도 수직 통합형 메이커와 함께 「설계 · 개발」과 「제조」가 분리된 전업 비즈니스형 반도체 메이커가 크게 성장하였다. 따라서 현재는 반도체 부품(개별 반도체, IC/LSI)을 제조하고 있는 반도체 메이커의 산업 형태는 설계를 전문으로 하여 생산을 타사에 위탁하므로 생산라인이 없는 팹리스 반도체 메이커, 제조만을 전문적으로 생산 수탁하는 파운드리 메이커 등 2가지 형태를 더해 크게는 3개로 분류하게 되었다.

❶ 수직 통합형 메이커 (IDM : Integrated Device Manufacturer)
제품 기획 · LSI 설계 · 제조 · 실장 조립 · 검사에서 판매까지 일관되게 실시하는 제조설비 · 판매 체제를 가진 기존의 기업이다.

> 미국 인텔, 한국 삼성전자, SK 하이닉스, 미국 마이크론 테크놀로지, 소니 세미컨덕터 솔루션즈, 키옥시아, 르네사스 일렉트로닉스 등.

반도체 메이커		
수직통합형 메이커	팹리스 메이커	파운드리(수탁제조 메이커)
반도체 제조 장치		
전공정(웨이퍼 공정)		후공정(실장 조립)
열처리 장치(확산·어닐링)	세정 장치	백그라인딩(후면연삭) 장치
박막 형성 장치	이온 주입 장치	다이싱 장치
감광제 도포·현상 장치	평탄화 CMP 장치	다이본딩(마운트) 장치
노광 장치	금속 배선막 장치	와이어본딩 장치
식각 장치		몰딩 장치
설계 장치 · 검사 장치 · 테스트시스템		
IC/LSI 설계시스템	계측검사시스템	IC/LSI 테스트시스템	자동 프로브
반도체 재료 · 부품		
실리콘 웨이퍼	포토마스크	감광제(레지스트)	가스·액체	실장조립부품
반도체 공장설비		
크린룸	운송장치	가스·액체공급 장치	폐가스·폐액 처리

그림 1-8-1 반도체 업계(반도체 메이커와 반도체 관련 업체)

❷ 팹리스 메이커

Fab(제조공장 : Fabrication facility)은 갖고 있지 않다. 특징은 특정 용도를 위한 반도체 설계를 실시하고, 고부가가치의 고기능 IC, LSI에 초점을 맞춘 제품 개발만을 실시하는 기업이다.

미국 퀄컴, 미국 브로드컴, 미국 NVIDIA, 미국 AMD 등.

❸ 파운드리 (제조 위탁 메이커)

팹리스 기업이나 수직 통합형 반도체 메이커로부터 위탁을 받아 제조만을 실시하는 기업이다. 대만 TSMC는 처음에는 반도체 업체로부터 하청회사 정도의 존재였지만, 현재는 최첨단 제조 기술을 견인해 반도체 산업을 선도하는 일등 기업으로 성장하고 있다.

대만 TSMC, 한국 삼성전자, 미국 인텔 등.

▶ 반도체 관련 산업

반도체 제조업체를 지원하는 반도체 관련 산업 분야는 첨단 기술을 수반하는 다양한 기업 그룹으로 구성되어 있다. 반도체 제조 장치, 설계 장치·검사 장치·테스트시스템, 반도체 재료·부품, 반도체 공장 설비 등 다양하게 구성된다. 반도체가 세상에 출현한 이래, 이러한 반도체 관련 산업이 반도체 메이커와 일체가 되어 성장을 계속하고 있다. 덧붙여 강조할 것은 제조 장치, 재료 등 반도체 관련 산업에 있어서는 일본 기업의 제품이 세계에서도 큰 점유율을 가지고 있다는 것이다.

반도체 제조장치		
열처리 장치 (확산·어닐링)	실리콘 웨이퍼에 열을 가하여 불순물을 확산, 열처리를 하는 장치	도쿄일렉트론, KOKUSAI (2개사에서 95% 점유)
감광제 도포·현상 장치	감광제(레지스트)를 도포하고 현상하는 장치	도쿄일렉트론 (90%)
매엽식 세정 장치	웨이퍼 대구경화, 공정 고정밀화에 대응하여 웨이퍼를 1 매씩 세정하는 장치	SCREEN 홀딩스, 도쿄일렉트론 (2개사에서 61% 점유)
배치식 세정 장치	다수의 웨이퍼를 동시에 정리하여 세정하는 장치. 습식스테이션이라고도 함.	SCREEN 홀딩스, 도쿄일렉트론 (2개사에서 91% 점유)
다이싱 장치	웨이퍼의 절단 및 칩화	디스코, 도쿄 정밀((2개사에서 ~100% 점유)
자동프로브	IC/LSI 테스트시스템과 병용하는 웨이퍼 운송 및 위치 결정장치	도쿄 정밀, 도쿄일렉트론 (2개사에서 ~90% 점유)

설계 장치·검사 장치·테스트시스템		
포토마스크 검사 장치	포토 마스크 결함 검사 장비	레이저 테크 (44%)
계측검사 시스템(측장 검사)	SEM (주사 전자 현미경)으로 회로 패턴의 선폭, 구멍 직경 치수 측정 장치	히타치 하이테크 (69%)
IC/LSI 테스트시스템	IC/LSI의 양품 검사	ADVANTEST (40~50%)

반도체 재료·부품	
실리콘 웨이퍼 (300mm)	신에츠 화학, SUMCO (2개사에서 56 %)
감광제 레지스트(ArF 노광용)	JSR, 신에츠 화학, 스미토모 화학, 도쿄 응화, 후지 필름 (5개사에서 87%)
감광제 레지스트(EUVL 노광용)	신에쓰 화학, JSR, 도쿄 응화 (3개사에서 100%)

▶ 출처 참고 : 유노카미 타카시 (미세 가공 연구소) EE Times Japan 2022.7 ITmedia,Inc.

그림 1-8-2 반도체 관련 산업에서 우위를 가진 세계에서의 일본 기업 점유율 (2021 데이터)

컬럼

IoT에서 반도체의 역할

사물과 사물을 연결하는 IoT에는 반도체(센서, 통신, 마이크로컴퓨터) 등 저소비 전력 · 소형 패키지의 IC가 필수

　IoT 기기의 구체적인 구조는 센서, 카메라(이미지 센서)와 무선통신기기를 탑재하여 사물의 상태나 움직임 등을 감지하여 데이터를 취득하고, 그 정보는 인터넷을 통해, 서로의 자료들을 교환하게 된다. 이 IoT 세계를 창출하고 있는 것이 반도체이다. 다양한 센서와 반도체 소자의 저가격화, 통신 인프라 확충 · 고성능화로 IoT 도입이 급속히 진전되어 안전한 사회생활에 도움이 되고 있다.

● IoT에서의 반도체 소자의 역할과 분류
① **정보 수집 (데이터 취득)**
　광반도체 : 발광 다이오드, 레이저 다이오드, 이미지 센서
　센서 : 온도, 습도, 압력, 가속도, 가스, 자기 등의 센서
　액추에이터(전기신호를 물리적 운동으로 변환) : MEMS
② **정보 전송(데이터 전송)**
　아날로그 IC : 센서 등에서 아날로그 정보 (전기신호)의 증폭
　디지털 IC : 아날로그 정보를 디지털 신호로 처리
　논리회로 IC, 무선 IC : 획득 정보의 무선 신호를 전송
③ **정보 처리(데이터 분석)**
　마이크로컴퓨터 (CPU) : 단말기에서 제어 · 데이터 분석
　메모리 : 획득 데이터 저장

● IoT 반도체 소자에 필요한 기술
　IoT 시스템은 그 사용법이 상당히 엄격하고 장기간 소요될 것으로 예상되며, 탑재하는 IC에는 다음과 같은 기술이 필요하다.
① 저소비 전력 · 저전압 동작(배터리 동작이 많다.)
② 소형 패키지(신체에 붙이거나 피측정물에 고정)
③ 고성능 · 다기능 · 저잡음
▶ 출처 참고 : 일본 전자 디바이스 산업 협회의 전자 디바이스 연수 강좌 2022

2장

물리·화학으로 공부하는
반도체의 진정한 의미와
특성을 이해하자!

도체·절연체·반도체의 차이,
P형 반도체·N형 반도체의 특성

도체, 절연체 및 반도체의 차이는 물질의 자유전자 수에 의해 결정된다. 또한 반도체의 특성은 불순물 첨가에 의해 절연체에서 도체로 변화될 수 있다는 것이다. P형 반도체, N형 반도체에 사용하는 불순물의 차이 및 에너지 대역 구조에 대하여 설명한다.

2.1 전기와 전자

전기와 전자의 차이는 무엇인가? 개념적으로는 전기(Electric)가 상위에 있고 그것을 에너지로 사용하여 동작을 하고 있는 것이 전자(Electron)라고 한다.

▶ 전기와 전자의 차이를 명확히

반도체에 대해 배우기 전에, 일반적으로 사용하고 있는 전기와 반도체에서 자주 언급되는 전자와의 차이를 명확히 해 두자.

우리가 일상적으로 사용하는 전기라는 것은 전선에 의해 각 가정에 보내진 전기에너지(조명을 위한 빛 에너지, 열에너지, 세탁기나 에어컨의 모터를 회전시키기 위한 동력 에너지)를, 그리고 전자라고 하는 것은 그 전기에너지에 의해 기능 동작하고 있는 컴퓨터나 스마트폰(휴대 전화)등의 전자기기를 가리키고 있다.

전기 (Electrics)

전동차

전구

세탁기

에어컨

전철, 세탁기 등의 동력(모터), 조명·전열 기구 등의 빛, 열에너지 이용이 전기, 텔레비전, PC(컴퓨터) 등 전자부품에 의해 조립된 전자기기가 전자라고 생각해도 좋다.

그림 2-1-1 사회 전반에 걸친 전기와 전자

▶ 전기와 전자의 차이

개념적으로는 전기(Electric)가 상위에 있고 그것을 에너지로 사용하여 기능 동작하고 있는 것이 전자(Electron)라는 것이다.

덧붙여서, 대학에서 실시하는 전기의 수업 과목에서 「전기 공학」은, 전기에너지의 발생, 수송, 제어나 모터 등 전기 응용 기기 분야를, 「전자공학」은 전화, TV, 위성 통신 등의 정보통신기기, 반도체, 집적회로, 컴퓨터등 트랜지스터 등에 의해 기능처리를 하는 전자 분야의 학문이다.

또한 현재는 컴퓨터, 광통신 기술 등의 진보로 정보 처리, 네트워크, 소프트웨어를 배우기 위한 「정보공학」으로 발전하고 있다. 여기까지의 설명을 읽어도, 독자의 대부분은 전기와 전자의 차이가 분명하지 않을 것이다.

본질적으로는 전기도 전자도 완전히 같은 것으로써 전기의 정체를 보다 상세하게 이해하는데 있어서 필요하게 된 「모든 물질 속에 존재하는 전자」의 움직임을 이론적으로 고찰해 전자 분야를 개척해 가는 분야가 「전자공학」이라고 하는 것이다.

▶ 전류의 정체가 전자이다!

전기와 전자의 차이를 이해하기 위해, 전기와 전자를 수도(수도관)와 전기(전선)로 흐르고 있는 것에 주목해 보자. 수도관에 흐르고 있는 것이 수류라고 하면 전선에 흐르고 있는 것은 전류라고 하면 될 것이다. 따라서, 수류는 물(H_2O)의 흐름, 전류는 전자의 흐름, 즉, 전자는 전선 안을 물과 같이 흐르고 있는 전류의 원소이다.

따라서 전자는 전기의 본질을 추구하며 알 수 있었던 "전자"이며, 전자는 전기를 전달하는 전선에 흐르고 있는 전류의 정체이다.

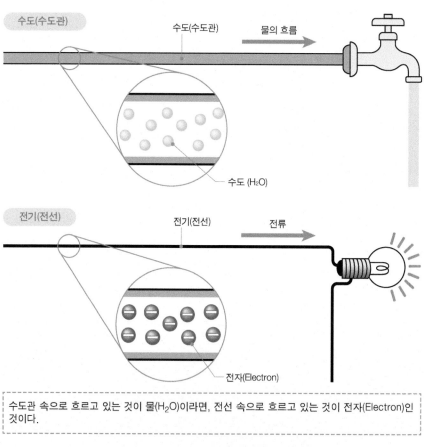

그림 2-1-2 수도(수도관)와 전기(전선)

2.2 도체와 절연체의 차이는 자유전자 수로 결정

전류가 잘 흐르는 물질을 도체, 반대로 플라스틱과 같이 전류가 흐르지 않는(흐르기 어려운) 물질을 절연체라고 한다. 실제로 이 차이는 도체에는 자유전자가 많이 있고, 절연체에는 자유전자가 없다는 사실 때문이다.

▶ 도체는 자유전자가 많고 절연체는 자유전자가 없다(소량 존재)

전기 제품의 플러그를 콘센트에 연결하면 전원 코드를 통해 전기가 전해져 TV를 보거나 세탁기를 작동시킬 수 있다. 이것은 전기가 전선 코드 안을 전류로 흐르고 가전제품에 전기에너지를 공급하고 있기 때문이다.

그러나 만약 전선 코드가 동선처럼 전기가 흐르기 쉬운 것이 아니고 플라스틱과 같이 전기가 흐르지 않는 것이라면 전기 제품은 동작하지 않을 것이다.

이와 같이 전기적으로 전류가 잘 흐르는 물질을 도체, 반대로 플라스틱과 같이 전류가 흐르지 않는 (흐르기 힘든) 물질을 절연체라고 한다.

여기서 전류의 정체인 전자라는 관점에서 도체와 절연체를 물리적으로 생각해 보자.

도체 중에는 전자(정확하게는 물질 중을 자유롭게 움직일 수 있는 전자, 즉 자유전자(자세한 내용은 38페이지에서 설명))가 다량 존재하고 있다. 도체에 전압을 가함으로써 이 자유전자가 압출되도록 (−) 전극에서 (+) 전극으로 전선 중을 이동하여 전류가 흐르게 되지만, 절연체에서는 전자가 없어(적음) 전자의 이동이 일어나지 않기 때문에 전류는 흐르지 않는다.

즉, 물질 중에 자유전자의 존재 유무에 따라 (엄밀하게는 많거나 적은가에 따라) 도체와 절연체의 차이가 생기는 것이다.

그림 2-2-1과 같이 전류와 전자의 방향은 반대이다. 전류가 (+) 전극에서 (−) 전극으로 흐르는 반면, 전자는 (−) 전극에서 (+) 전극으로 흐른다.

전류와 전자의 흐름이 반대인 것은, 전류의 정체인 전자가 (+) 전극으로 이동한다고 하는 것을 알기 전에 「전류는 (+)에서 (−)로 흐른다」라고 정해져 있었으므로 현재도 전자의 흐름과 전류의 방향은 역방향으로 알려져 있는 것이다.

덧붙여 이 현상은 전자(음의 전하를 가지고 있다)는 (+) 전극에 끌려가는 (+ 와 -는 끌어당기며 동극성 끼리는 반발한다.)것과 같이 이동하고 있다고 생각하면 이해하기 쉬울 것이다.

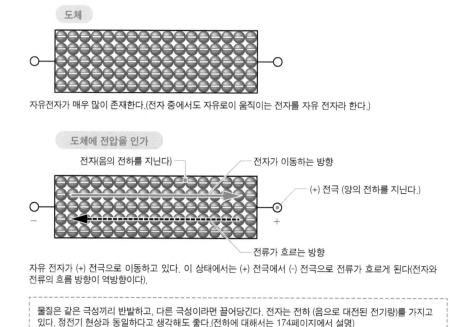

그림 2-2-1 도체에는 자유전자가 매우 많다.

▶ 자유전자란? 전자와 자유전자의 차이는 무엇인가?

도체는 자유전자가 많으며 절연체는 자유전자가 없다(소량 존재)고 설명하였지만 전자와 자유전자는 어떻게 다른가? 자세한 내용은 2장의 「2-7 실리콘을 근본적으로 알아보기 위한 원자 구조는?」에서 설명하겠지만 먼저 간단하게 전자와 자유전자의 차이를 이해하면 좋을 것이다.

지금까지의 설명에서 "자유전자란 전자 중에서도 자유롭게 움직일 수 있는 전자"라고 하였다. 도체를 흐르는 전류는 전자가 이동하고 있기 때문에 실제로 자유전자인 것이다. 그러면, 돌아다닐 수 없는 전자도 있을까? 하는 당연한 의문이 생길 것이다.

실은 우리가 보통 사용하고 있는 "전자"는 물리학에서는 "자유전자"이다. 물리학에서 "자유전자"는 특별한 존재이다. 물질의 원자 구조는 '원자핵과 그 주변을 둘러싸듯이 회전하는 전자'로 이루어져 있다. 이 원자핵 주위를 돌고 있는 것이 "전자"이다. 이 "전자"는 원자핵과의 인력으로 원자핵에 구속되어 움직일 수 없다. 그런데 이 "전자"가 어떤 조건에서 원자핵의 인력에서 벗어나 움직일 수 있게 되면 이것을 "자유전자"라고 부르고 있다. 우리가 알고 있는 전자는 「구속에서 벗어나 움직일 수 있게 된 전자 = 자유전자」이다.

앞으로 반도체를 이해하기 위해서는 "전자"와 "자유전자"를 구별해야 한다. 처음부터 "자유전자"라는 어휘로 설명하고 있었지만. 전자와 자유전자의 차이를 이제 이해할 수 있게 되었을 것이다(역시 모르겠다고 생각할 수도 있겠지만, 읽어 나가면 분명히 이해할 수 있을 것이다.)

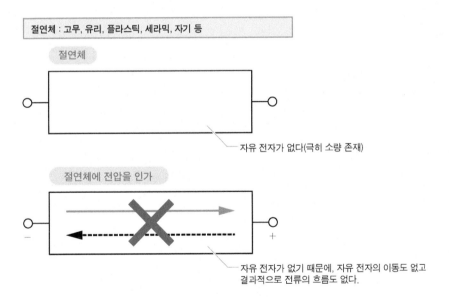

그림 2-2-2 절연체에는 자유전자가 없다.

2.3 반도체란? 도체와 절연체의 중간?

반도체의 자유전자 수는 도체와 절연체의 중간 정도이며, 일반적으로 물질의 전기 흐름을 설명할 경우, 전기저항의 크기로 표현한다. 따라서 반도체는 전기 저항이 도체와 절연체의 중간 정도 특성을 갖는 재료라고도 할 수 있다.

▶ 반도체는 자유전자수, 전기 저항이 모두 도체와 절연체의 중간

반도체에 대한 어감은 반 정도 도체라고 할 수 있기 때문에 왠지 매우 이해하기 어렵다고 생각할 수도 있다.

반도체는 입력된 전기를 절반만 통과시키는 것인가? 아니면, 절반이 도체이고 절반이 절연체로 되어 있는 것인가?

반도체는 영어 표기로 semiconductor이다. "Semi"는 영어로는 절반이나 「준」 등으로 번역되고 있다. 스포츠 경기의 결승전은 「Final」이며, 준결승은 「Semifinal」이다.

따라서 개인적으로는 Semiconductor는 준도체로 번역되는 것이 이해하기 쉬웠을지도 모르겠다.

상기에서 전기 흐름의 용이성은 자유전자가 많고 적음으로 정해진다고 설명하였다. 이 자유전자 수로 설명하면 반도체의 자유전자 수는 도체와 절연체의 사이에 있을 것이다.

그러나 일반적으로 물질의 전기 흐름의 용이성을 설명하는 것은 전기 저항의 크기로 표현하고 있다. 전류 흐름의 용이성을 전기 저항으로 나타내면 전기 저항이 큰 물질은 자유전자수가 적고 전기 저항이 작은 물질은 자유전자 수가 많다는 것이다.

따라서 전기 흐름의 용이성 관점에서 보면, 반도체는 전기를 잘 통과시키는 도체와 전기를 통과시키지 않는 절연체의 중간, 즉 전기 저항이 도체와 절연체의 중간 성질을 갖는 재료라고 할 수 있다.

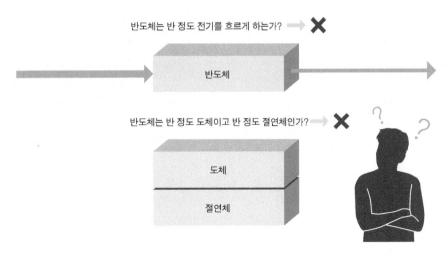

그림 2-3-1 반도체란? 반도체의 어감으로부터의 의미

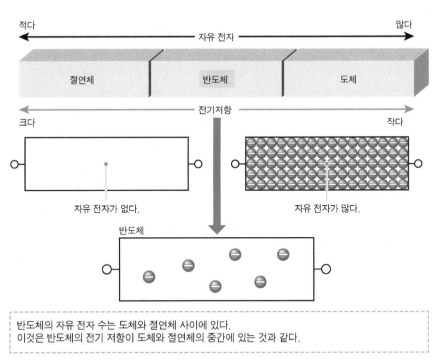

그림 2-3-2 반도체의 자유전자 수는 절연체와 도체의 중간이다.

컬럼

전류를 구성하는 전하란 무엇인가?

이 책에서 사용하는 전하는 전자 등이 가지고 있는 전기량을 말한다.

전하는 물질이 띤 전기량으로 정전기를 포함한 모든 전기 현상의 기본이 되는 것이다. 이 책에서 사용하는 전하는 전자 등(뒤에서 설명하겠지만 정공도 전하를 가진다.)이 가지고 있는 전기량이다. 따라서 전류는 전하를 가진 다수의 전자가 물질(금속 등)의 도체 내를 이동하는 것이다. 여기에서는 반도체에 얽매이지 않고 기본적인 전하에 대하여 설명한다. 전하에는 양전하(+전기) 및 음전하(−전기)가 있다. 자석이 N극과 S극이 끌어당기는 것과 같이, 전하도 동극성끼리 가까이하면 전하 간에 반발하는 힘이 작용하고, 반대로 이극성끼리 끌어당기는 힘이 전하 간에 작용한다.

자유전자의 설명에 이용한 「실리콘 원자의 구조」에서도 완전히 동일한 힘이 작용하고 있다. 즉 원자핵이 양전하(+전하)를 가지며 전자가 음전하(−전하)를 갖기 때문에, 전자에는 원자핵과의 사이에 끌어당기는 힘이 작용한다. 전자는 이동할 수 없는 속박된 상태로 되어 있을 뿐이다. 전하 사이에서 끌어당기는 힘의 강도는 양전하와 음전하의 거리가 가까우면 강해진다. (거리의 제곱에 반비례한다)이 끌어당기거나 반발하거나 하는 힘을 「쿨롱의 힘」이라고 한다. 또한 전하량(전기량)의 단위는 쿨롱[C]으로 나타내고, 1 쿨롱(1C)은 「1A의 전류가 흐르고 있을 때 1초간 도선의 단면을 통과하는 전기량」으로 정의하고 있다.

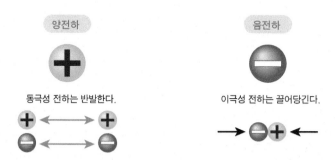

양전하

음전하

동극성 전하는 반발한다.

이극성 전하는 끌어당긴다.

2.4 물질의 전기 저항과 자유전자의 관계

전기 저항이 큰 것은 자유전자가 물질의 원자와 충돌하여 저항을 받아 전류가 흐르기 어려워지는 것이다. 반대로 전기 저항이 작다는 것은 원자에 비해 자유전자가 많고 충돌이 적기 때문에 전류가 흐르기 쉬워진다는 것이다.

▶ 자유전자가 원자와 충돌하면 열과 빛을 발생

전기 저항이 크다는 것은 물질 중 자유전자가 적다는 것을 의미한다. 이것은 자유전자가 도체 물질의 원자와 충돌하여 저항을 받아 이동하기 어려워지고 전류가 흐르기 어려워지고 있다는 것이다.

반대로 전기 저항이 작다는 것은 도체 물질 중의 원자에 비해 자유전자가 많기 때문에 충돌이 적어 전류가 원활하게 흐른다는 것이다.

자유전자에 비해 도체 물질 중에 원자가 많으면 많은 충돌 저항을 받아 열과 빛을 발생한다.

전열기에 사용하는 니크롬 도선은 전기 저항이 커 열을 발생시키며 발생한 열을 이용하고 있다. 전구의 필라멘트가 빛을 발생시키는 것도 마찬가지이다.

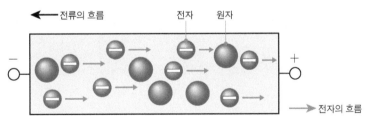

도체 내의 전자 중에 자유 전자는 전압을 인가하면 이동하여 밖으로 나온다.

자유 전자수가 많으면 물질 중의 원자와 충돌할 확률은 감소하고 부드럽게 이동할 수 있어 전기 저항은 작아진다.

그림 2-4-1 물질 중의 자유전자가 원자와 충돌하여 전기 저항이 된다.

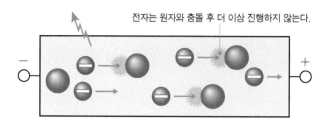

전자는 원자와 충돌 후 더 이상 진행하지 않는다.

자유 전자 수가 적으면 물질 중의 원자와 충돌할 확률은 증가하고 전기 저항은 커진다. 충돌한 자유 전자는 열과 빛 에너지가 되어 보유하고 있던 속도를 잃고 정지한다.

그림 2-4-2 원자와 충돌한 자유전자는 열이나 빛 에너지가 된다.

▶ 물질의 전기 저항률

물질의 전기 저항 크기는 실제로 전기 저항률을 사용하여 나타낸다. 같은 물질이라도 길이가 길면 길이에 비례하여 저항은 커지고 단면적이 크면 반비례하여 저항은 작아지므로 전기 저항만으로는 재료 특성을 나타낼 수 없다. 그래서, 물질의 길이나 두께 등에 관계없이 전기 저항이 일정하게 되도록 표현하기 위하여 「단위면적/단위길이」당 전기 저항률을 사용한다.

물질의 전기 저항률은 절연체가 $10^{18} \sim 10^{8}$ Ωcm, 도체가 $10^{-4} \sim 10^{-8}$ Ωcm이며, 반도체는 그 중간인 $10^{8} \sim 10^{-4}$ Ωcm의 값을 갖는다.

이와 같이 반도체의 전기 저항은 도체와 절연체의 중간에 위치하며, 전기 저항률은 범위가 약 10^{12}자리에 이르는 광범위한 중간 저항을 갖고 있는 것이다.

실리콘과 게르마늄은 전기 저항률이 중간에 위치한 반도체 재료이다. 게르마늄은 트랜지스터의 발명에서 최초로 이용한 반도체 재료였지만, 현재는 반도체 기술이 진보함에 따라 성능이 뛰어나고, 집적회로에 용이한 실리콘 반도체가 등장해 그 역할을 다하고 있다.

참고로 게르마늄 트랜지스터의 개발 역사를 살펴보면 1947년에 존 바딘과 월터 브래튼 등이 점접촉형 게르마늄 트랜지스터를, 그리고 1951년에 미국 윌리엄 쇼클리에 의해 개량된 접합형 게르마늄 트랜지스터가 발명되면서 트랜지스터의 본격적인 실용화에 이르렀다.

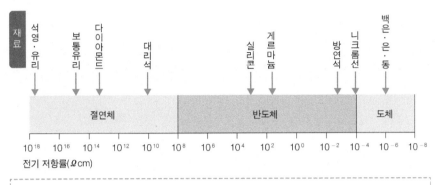

전기 저항률(Ω cm)= 저항 R(Ω) x [단면적 S (cm²) / 길이 L (cm)]
Ω(오옴)은 전기 저항의 단위로 1V의 전압을 가하여 1A의 전류가 흐를 때 1Ω으로 정의한다.

그림 2-4-3 도체, 반도체, 절연체의 전기 저항률

각 변 1cm의 입방체가 1Ω이면 그 전기 저항률은 1Ω cm가 된다.
전기 저항률은 단위면적/단위 길이당 저항 값으로 표현한다.

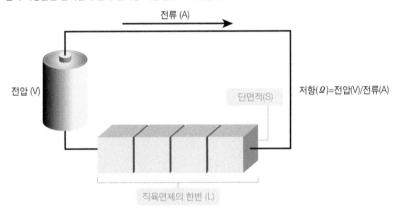

전기 저항률 ρ (cm)=저항 R(Ω)×단면적 S(cm²)/길이 L (cm)

이 그림의 직육면체는 R = 4Ω, S/L=1/4에서 ρ = 1Ω cm이다.
입방체 1개와 같다.

그림 2-4-4 전기 저항률은 단위면적/단위길이에 해당하는 저항값

2.5 반도체의 특성은
전기 저항이 변하는 것

반도체의 특성은 반도체에 불순물을 첨가하여 전기 저항이 절연체에서 도체에 가까운 상태로 변화하는 것이다. 이는 불순물이 반도체 물질에 들어가 자유전자수를 증가시켜 반도체를 전류가 흐르기 쉬운 도체로 변화시켰기 때문이다.

▶ 실리콘 웨이퍼의 특정 영역에 불순물을 첨가하여 도체로 변화시킨다

반도체는 전기 저항이 도체와 절연체의 중간 특성을 갖는 물질이다. 단, 전기 저항이 중간이라고 해도, 그것만으로는 반도체로서 조건을 만족할 수 없다.

예를 들어 순수한 물은 전류가 흐르지 않지만, 소금을 첨가한 염수는 전류가 흐르게 된다. 그러나 전기 저항이 도체와 절연체의 중간에 있더라도 반드시 반도체 재료가 될 수는 없다.

반도체 최대의 특징은 불순물의 첨가에 의해 전기저항이 「절연체」에 가까운 상태에서 「도체」에 가까운 상태로 근접하는 것이다.

대 ◀─────────────── 전기저항 ───────────────▶ 소

| 절연체 | 반도체 | 도체 |

보통은 절연체와 유사

불순물을 첨가하면 도체에 근접

큰 전기 저항
상온에서 자유 전자수는 적기 때문에 전압을 가해도 전류는 흐르지 않는다. (매우 작음)

작은 전기 저항
불순물 첨가에 의해 자유 전자수가 증가하고 전압을 가하면 전류가 흐르게 된다.

그림 2-5-1 반도체의 특성

앞으로 배우려고 하는 전자산업에서 반도체의 최대 특징은 반도체에 불순물을 첨가하여 전기 저항이 절연체에 가까운 상태에서 도체에 가까운 상태로 성질을 변화시키는 것이다.

이것은 불순물이 반도체 물질에 들어가 자유전자수를 증가시켜 전류가 흐르는 도체로 변화시키기 때문이다. 전자부품으로서의 반도체는 실리콘 웨이퍼 등의 일부에 불순물을 첨가하여 다른 성질의 특정 영역을 만들어 내고 그 성질을 이용하고 있다. 이것이 반도체에서 슈퍼 전자부품인 집적회로를 제작하는 이유이다.

집적회로 상에 만들어진 반도체 전자부품인 다이오드, 트랜지스터의 내부는 반도체의 특정한 영역에 불순물을 첨가한 PN 접합(88페이지에서 상세히 설명)으로 이루어져 있다. 이 PN 접합이 다이오드와 트랜지스터의 기본 동작에 필수적이다.

따라서 절연체 안에 불순물 첨가로 도체 영역(PN 접합 영역)을 만들 수 있는 물질 즉, 반도체가 집적회로(IC, LSI)가 될 수 있는 것이다.

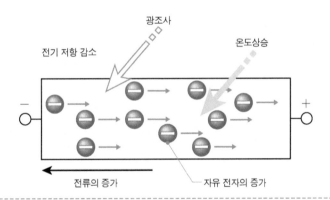

온도상승이나 광조사로 인하여 에너지를 얻음으로써, 물질 중에 이동하기 쉬운 자유 전자가 증가하고 전류가 증가한다(전기 저항이 감소함).

그림 2-5-2 반도체의 전기 저항은 온도나 빛의 영향을 받는다.

▶ 빛의 영향으로부터 반도체를 지키려면

지금까지 반도체의 전기 저항의 감소는 온도상승, 그리고 불순물 첨가에 의한 변화라고 설명하였다. 반도체에 빛이 조사되어도 전기 저항이 감소한다.

이것은 전자회로의 누설 전류(본래는 흐르지 않을 경로에서 누설되는 전류)에 의한 동작 불량의 원인이 된다.

반도체 패키지가 흑색 몰드 수지나 세라믹 등으로 덮여 있는 것은 이 빛의 영향을 방지하기 위한 이유도 있다.

또한 사용하는 밀봉재료는 에폭시나 실리콘 등의 수지재료, 경화제, 충전제 등이 사용된다. 성능적으로는 실리콘 칩이나 기판 재료와의 접착성, 내열성, 방열성, 열팽창률 등에 대한 성능 보증이 요구된다.

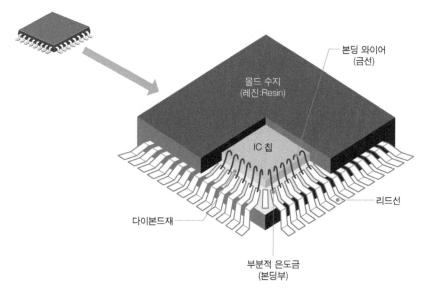

그림 2-5-3 패키지 내부의 기본구조

2.6

반도체 재료는
왜 실리콘을 사용하는가?

실리콘이 반도체 재료로 사용되는 이유는 실리콘이 지구상에서 두 번째로 많이 존재하는 원소로 염가로 구입할 수 있다는 것, 그리고 MOS 전계효과 트랜지스터 구조에 필수적인 양질의 절연막을 용이하게 생성할 수 있기 때문이다.

▶ 실리콘 웨이퍼의 순도는 99.999999999% (일레븐 나인)

반도체 재료로써 실리콘(Si)은 지구상에 두 번째로 많이 존재하는 원소로 규소(지구상의 지각의 약 28.2%, 첫 번째는 산소로 46.4%)라고도 불리며, 토양, 모래, 돌의 주성분을 이루고 있다.

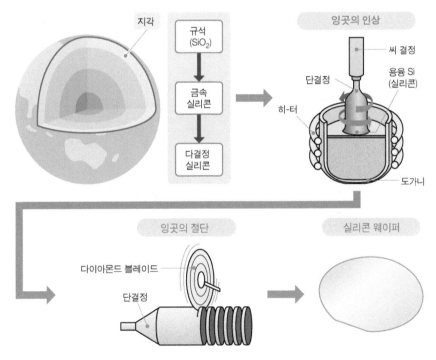

그림 2-6-1 반도체 재료인 실리콘은 지각에 존재하는 규소(실리콘)로부터

그러나 실리콘은 산소와 결합하여 존재하며 대부분은 규석이라는 산화물(SiO_2)의 형태로 존재하고 있으며, 이 중에 순도가 높은 것을 반도체 실리콘의 원료로 사용한다. 이것을 바탕으로 제조되는 것이 집적회로(IC, LSI)의 반도체 기판으로 사용하는 실리콘 웨이퍼이다.

실리콘 웨이퍼의 제조는 우선 규석을 녹여 98% 순도의 금속 실리콘을 만든 다음 다결정 실리콘을 만든다. 반도체 재료용으로는 순도가 99.999999999%(일레븐 나인)인 것이 필요하다.

다음으로, 다결정 실리콘을 거칠게 부셔서 석영 도가니 내에서 융해하고, 석영 도가니를 회전시키면서 피아노선에 매달린 실리콘 단결정의 작은 조각(시드라고 부르는 씨결정)을 실리콘 융액에 접촉시켜 씨 결정을 천천히 회전시키면서 피아노선으로 서서히 끌어 올리면서 굳혀 실리콘 단결정인 실리콘 잉곳을 만든다.

잉곳의 절단은 특수한 블레이드를 사용하여 1장 1장의 웨이퍼로 분리 · 절단하여 웨이퍼를 제작한다. 웨이퍼로 분리한 후에는 표면을 기계적, 화학적으로 연마하여 반도체용 실리콘 웨이퍼를 완성시킨다.

실리콘이 반도체 재료로 사용되는 이유는 반도체 소자 구조에 필수적인 절연막인 실리콘 산화막(SiO_2)을 용이하게 생성할 수 있다는 점도 크게 기인하고 있다.

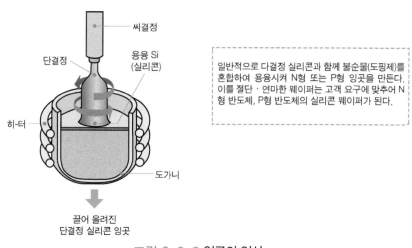

씨결정

단결정

용융 Si
(실리콘)

히-터

도가니

끌어 올려진
단결정 실리콘 잉곳

일반적으로 다결정 실리콘과 함께 불순물(도핑제)를 혼합하여 용융시켜 N형 또는 P형 잉곳을 만든다. 이를 절단 · 연마한 웨이퍼는 고객 요구에 맞추어 N형 반도체, P형 반도체의 실리콘 웨이퍼가 된다.

그림 2-6-2 잉곳의 인상

그림 2-6-3 실리콘 웨이퍼와 실리콘 잉곳

양질의 절연막 생성이 가능해지면서 처음으로 MOS 전계효과 트랜지스터(MOSFET)를 제작할 수 있게 되어 바이폴라 트랜지스터에서 MOSFET의 시대로 변화하였다. 실리콘 산화막의 역할은 MOSFET과 관련된 110페이지에서 자세히 설명할 것이다.

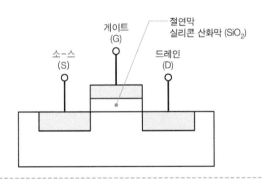

반도체 소자를 대표하는 MOS 전계효과 트랜지스터의 구조(단면).
절연막이 중요한 역할을 한다(123페이지에서 자세히 설명).

그림 2-6-4 MOS 전계효과 트랜지스터 구조

실리콘을 근본적으로 알아보기 위한 원자 구조는?

원자는 원자핵과 그 주변을 둘러싼 전자로 구성되어 있다. 원자핵은 (+) 전하의 양자와 전하가 없는 중성자로 구성되며 원자핵 주위를 원자번호와 같은 수의 전자가 전자궤도를 돌고 있다.

▶ 실리콘(Si)은 원자번호가 14이므로 14개의 전자를 가지고 있다

그림 2-7-1에 실리콘 원자의 구조를 도시하였다. 물질을 구성하는 기본적인 성분은 원소이다. 원소에는 수소(원자번호 1번), 헬륨(원자번호 2번)으로 시작하여 100종류 이상의 원소가 존재한다. 모든 원소는 원자핵과 전자로 구성되며 원자는 원자핵과 그 주변을 둘러싼 전자로 구성되어 있다. 원자핵은 (+) 전하의 양성자와 전하가 없는 중성자로 구성되어 있다.

원자핵 주위에는 그 원자번호와 같은 수의 전자가 원자핵에 구속되어 전자궤도를 돌고 있다. 이러한 전자는 자유롭게 이동할 수 없을 것이다 (자유전자가 아님).

전자궤도 상의 전자 중 원자핵 근처에 있는 전자를 내각전자라고 한다. 한편, 외측의 궤도를 돌고 있는 비교적 약한 구속력의 전자를 최외각 전자라고 한다. 이 최외각 전자를 가전자라고도 하며, 물질의 성질을 결정하고 있는 원자의 결합(=분자)에 크게 관여하고 있다.

전자궤도는 원자핵의 바로 가까이에 있는 것으로 도시하였지만, 실제 최외각까지의 원자반경은 원자핵 반경의 1만 배 이상이다. 따라서 원자핵에서 가장 멀리 떨어진 최외각 전자는 끌어당기는 힘도 약해지고, 어떤 조건에서는 원자로부터 멀리 자유롭게 이동할 수 있는 전자, 즉 자유전자가 되기 쉬운 상황에 놓이게 된다.

또한 원자핵과 전자궤도의 관계를 태양계와 행성의 궤도에 비유하지만 엄밀하게는 상당히 다르다. 지구를 비롯한 태양계 행성의 궤도는 특정할 수 있지만, 전자궤도는 전자가 존재할 것 같은 장소, 즉 전자가 임의의 확률로 존재하는 폭넓은 영역 정도만 나타낼 수밖에 없다.

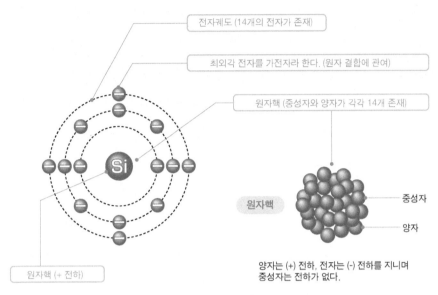

전자궤도 (14개의 전자가 존재)

최외각 전자를 가전자라 한다. (원자 결합에 관여)

원자핵 (중성자와 양자가 각각 14개 존재)

원자핵

중성자

양자

원자핵 (+ 전하)

양자는 (+) 전하, 전자는 (-) 전하를 지니며
중성자는 전하가 없다.

그림 2-7-1 실리콘 원자의 구조

▶ 주기율표에서 반도체 재료

그림 2-7-2는 주기율표의 일부이다. 실리콘(Si)은 원자번호 14이므로 14개의 전자를 가지고 있다. 또 최외각 전자수가 4개이므로 IV족이 된다.

주기율표의 탄소(C)와 같은 세로 열인 실리콘(Si), 게르마늄(Ge), 주석(Sn)은 최외각 전자가 4개로 족번호가 IV족으로 성질이 유사하다.

IV족의 게르마늄(Ge), 실리콘(Si)은 반도체로서 단독으로 사용되고 있어 단원소 반도체라고 한다. 이에 대해 2 원소 이상의 원소로 구성되어 있는 반도체를 화합물 반도체라고 한다.

화합물 반도체로는 갈륨비소(GaAs), 질화갈륨(갈륨나이트라이드; GaN), 탄화실리콘(실리콘카바이드; SiC) 등이 있다. 화합물 반도체의 질화갈륨은 고속 신호처리, 탄화실리콘은 전력 반도체 등에서 응용이 시작되고 있다.

II	III	IV	V	VI
	$_5$B	$_6$C	$_7$N	$_8$O
	$_{13}$Al	$_{14}$Si	$_{15}$P	$_{16}$S
$_{30}$Zn	$_{31}$Ga	$_{32}$Ge	$_{33}$As	$_{34}$Se
$_{48}$Cd	$_{49}$In	$_{50}$Sn	$_{51}$Sb	$_{52}$Te

▭ 부분을 주로 반도체로 이용하고 있다.

Si ·························· 단원소 반도체
GaAs, GaN ·········· 화합물반도체 (III-V족)
SiC ······················· 화합물반도체 (IV족간)

그림 2-7-2 원소의 주기율표 (반도체에 해당하는 부분만을 표기하고 있다.)

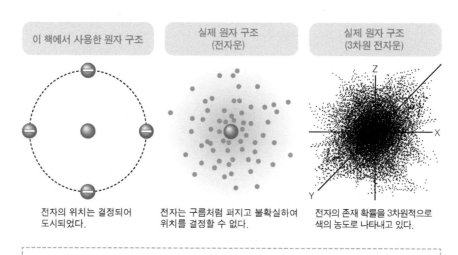

이 책에서 사용한 원자 구조	실제 원자 구조 (전자운)	실제 원자 구조 (3차원 전자운)
전자의 위치는 결정되어 도시되었다.	전자는 구름처럼 퍼지고 불확실하여 위치를 결정할 수 없다.	전자의 존재 확률을 3차원적으로 색의 농도로 나타내고 있다.

이 책의 원자 구조 설명에서는 전자는 알기 쉽도록 태양 주위를 행성이 공전하는 듯한 구조로 도시하였다. 그러나 원자 구조에서 실제 전자는 궤도를 그리며 돌고 있는 것이 아니라 전자가 있는 위치에 존재할 것이라는 확률로만 나타낸다.

출처(참고) ; 슈에이샤(集英社) 홈페이지, ㈜ALIS 홈페이지

그림 2-7-3 실제 원자 구조

2.8 실리콘 원자에서 실리콘 단결정을 만드는 방법

실리콘 단결정 8개의 가전자 배치는 원자핵에 속박된 전자(=자유전자는 아님)로 매우 결합력이 강하고 안정되어 있어 거의 전기 전도에 기여하지 못한다(원자의 결합에서는 가전자수 8개가 가장 안정된 상태이다).

▶ 실리콘 원자가 실리콘 단결정이 되기까지

실리콘 원자가 실리콘 단결정이 될 때까지의 과정을 따라가 보자.

❶ 최외각 전자(=가전자)는 4개가 결합에 기여한다.

실리콘의 결정격자는 게르마늄 (Ge), 탄소 (C)와 같은 다이아몬드의 결정 구조를 가지며 정사면체로 매우 안정되어 있다. 가장 외측의 전자궤도에 있는 최외각 전자(=가전자)는 4개로 원자의 결합에 크게 기여하는 전자이다.

❷ 실리콘 원자가 인접한 실리콘 원자에 접근

「그림 2-8-1 실리콘 원자에서 실리콘 결정으로Ⓐ」에서 실리콘 원자가 인접 실리콘 원자에 접근하는 상태를 도시하였다.

실리콘 원자의 최외각에 있는 4개의 가전자는 인접한 실리콘 원자의 가전자와 결합하기 쉬운 특성이 있다. 실리콘의 인접한 가전자는 서로 손을 내밀고 결합하기 위하여 인접한 실리콘 원자에 접근해 간다. 가전자 4개를 원자가 접한 손으로 생각하면 좋을 것이다.

❸ 가전자가 손을 잡듯이 결합하여 실리콘 결정을 형성한다.

「그림 2-8-2 실리콘 원자에서 실리콘 결정으로Ⓑ」에서 가전자가 손을 잡듯이 결합하여 실리콘 결정을 형성해 나가는 상태를 나타내고 있다.

실리콘 원자는 서로의 손을 잡듯이 공유결합(2개의 원자가 서로의 가전자를 서로 나누어 공유하여 만드는 결합)하고, 서로의 가전자를 공유하여 각각의 실리콘 원자가 8개의 전자를 가지고 있는 상태가 되도록 결합한다.

❶ 최외각 전자(=가전자) 4개가 결합에 기여한다.

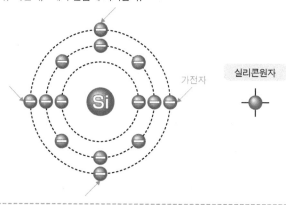

실리콘 원자의 최외각에 있는 4개의 가전자는 인접한 실리콘 원자의 가전자와 결합하기 쉽다.

❷ 실리콘 원자가 인접한 실리콘 원자에 접근

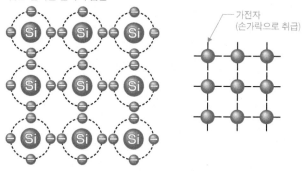

인접한 실리콘 원자가 가까워지면 이웃한 가전자는 서로 손을 내밀고 결합하고 있다.
(가전자 이외의 내각전자는 생략)

그림 2-8-1 실리콘 원자에서 실리콘 결정으로Ⓐ

8개의 가전자 배치는 원자핵에 속박된 전자(자유전자는 아님)로 매우 결합력이 강하고 안정되어 있어 거의 전기 전도에 기여하지 못한다(또한 이것은 옥텟(octet) 법칙에 의한 것으로서 원자의 결합은 가전자수가 8개에서 가장 안정된 상태가 된다)

❸ 가전자가 손을 잡듯이 결합하여 실리콘 결정을 형성한다.

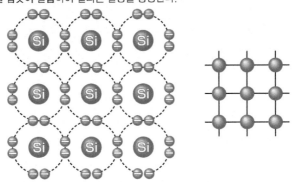

가전자(부착된 손)가 손을 잡듯이 결합하여(공유결합) 실리콘 결정을 형성한다. 실리콘 원자 각각은 매우 안정된 상태의 8개의 가전자를 가지고 있다.

❹ 실리콘 단결정이 가능

실리콘 단결정

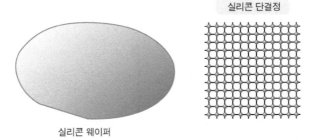

실리콘 웨이퍼

단결정은 원자가 규칙적으로 배열되어 있기 때문에 전류는 일정 방향으로 빠르게 진행하며 양호한 전기적 특성을 나타낸다.

그림 2-8-2 실리콘 원자에서 실리콘 결정으로⑧

❹ 실리콘 단결정이 가능

이 결정 상태는 도체도 절연체도 아닌 불순물을 전혀 포함하지 않는 단결정 실리콘(진성반도체)이다. 이때 생긴 결정은 규칙적으로 배열되어 있는 단결정 구조로 전류가 흐르기 어려우며 전기 저항률은 약 $10^3 \Omega\mathrm{cm}$ 정도이다.

실리콘 단결정 · 다결정 · 비결정의 차이

실리콘 결정 상태에는 단결정 실리콘 외에, 다양한 결정 방위의 미소 결정이 응집하고 있는 다결정 실리콘(폴리실리콘)이나, 규칙성을 가지지 않고 불규칙한 배열 구조를 가진 비결정 실리콘(아모퍼스 실리콘)이 있다.

▶ 단결정 실리콘, 다결정 실리콘, 비결정 실리콘의 특성

다결정 실리콘 (폴리실리콘)및 비결정 실리콘 (아모퍼스 실리콘)은 단결정 실리콘과 비교할 때 유리 기판 등에 비교적 저온에서 쉽게 생성할 수 있으며 전자 이동도(전자 이동의 용이성을 나타내는 값)는 단결정 실리콘과 비교하면 매우 작아진다.

전자 이동도가 큰 실리콘 결정일수록 전자의 이동 속도는 커져 처리 속도가 올라간다. 고성능인 반도체를 만들 수 있다.

일반적으로 사용하는 집적회로(IC, LSI)는 전자 이동도가 가장 큰 단결정 실리콘을 회로 기판(실리콘 웨이퍼)으로 사용한다.

● 단결정 실리콘

고순도 단결정. 결정격자(원자 배열)가 3차원적으로 매우 규칙적으로 정렬되어 있으며 결합이 매우 견고하고 단단한 다이아몬드와 동일한 결정 구조이다.

● 다결정 실리콘 (폴리실리콘)

단결정 실리콘과 비결정 실리콘의 중간에 위치하는 결정으로써, 전자의 이동 방향이 다른 다수의 단결정 실리콘이 서로 경계 부분을 접해 구성된다. 전자 이동도는 경계 부분에서 전자가 산란 되어 단결정에 비해 작아 지지만 비결정보다 훨씬 커진다.

고성능화가 요구되는 액정/유기 디스플레이의 구동용 트랜지스터 및 태양 전지 패널로 이용하고 있다. (태양 전지에는 단결정, 비결정을 이용한 제품도 있다).

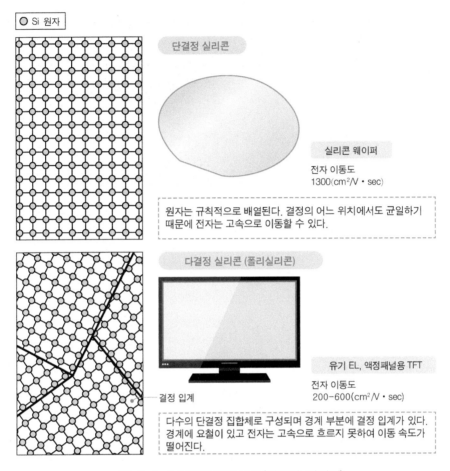

○ Si 원자

단결정 실리콘

실리콘 웨이퍼
전자 이동도
1300(cm²/V · sec)

원자는 규칙적으로 배열된다. 결정의 어느 위치에서도 균일하기 때문에 전자는 고속으로 이동할 수 있다.

다결정 실리콘 (폴리실리콘)

유기 EL, 액정패널용 TFT
전자 이동도
200-600(cm²/V · sec)

결정 입계

다수의 단결정 집합체로 구성되며 경계 부분에 결정 입계가 있다. 경계에 요철이 있고 전자는 고속으로 흐르지 못하여 이동 속도가 떨어진다.

그림 2-9-1 실리콘 결정상태 (단결정, 다결정)

● 비결정 실리콘 (아모퍼스 실리콘)

비결정은 원자 배열이 결정 구조와 같은 규칙성을 갖지 않는 고체 상태를 의미한다.

기판 재료로서 유리, 내열 플라스틱 등을 사용하여 통상 400℃ 이하로 박막 성장시킨다. 실리콘 원자가 균일하게 결합하지 않기 때문에 전자의 이동이 방해되어 전자 이동도가 극단적으로 작아진다. 주로 태양 전지 패널로 사용한다(저가의 액정디스플레이에도 이용한다).

○ H 원자
◌ 미결합손(손을 잡을 상대가 없다.)

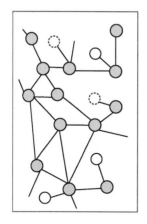

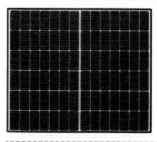

비결정 (아모퍼스;amorphous) 실리콘

태양 전지 (솔라 패널)

전자 이동도
0.5-2 (cm²/V·sec)

Si는 균일하게 결합되어 있지 않고, 모두가 거칠어진 요철이
있어 전자는 흐르기 어렵고 이동 속도는 매우 느려진다.

그림 2-9-2 실리콘 결정상태 (비결정)

전자 이동도(Electron mobility)는 무엇을 나타내는가?

　전자는 물질에 전계를 걸었을 때 이동하기 쉬울 것이다. 전자 이동도는 전계를 인가할 때 전자의 속도가 어느 정도인지를 나타내고 있다.

전자 이동도 μ, 전계 E 라고 하면, 전자의 속도는

$$V \,[\mathrm{cm/sec}] \;=\; \mu[\mathrm{cm}^2/\mathrm{V} \cdot \mathrm{sec}] \;\cdot\; E \,[\mathrm{V/cm}]$$

로 표시된다.

　전자의 속도 V는 전자 이동도 μ와 전계 E가 클수록 빠르다는 것을 알 수 있다. 이것은 전자 이동도가 클수록 고속 처리의 IC, LSI가 가능함을 의미한다. 따라서 전자 이동도는 전자기기 성능을 결정하는 중요한 물리량이다.
　반도체에서는 전자 외에 정공도 (+) 전하를 가지고 전기 전도에 기여하므로 전자 이동도와 마찬가지로 정공 이동도도 중요하다.

　이 장 (실리콘 결정)에서 전자 이동도의 성능을 사람이나 자동차 등의 이동 속도(시속) 등으로 표현하면 단결정은 비행기, 다결정은 자동차, 비결정은 도보라고 비유할 수 있다.

실리콘 원자와 에너지 구조

전자에너지의 대역 구조도에는 전자에너지가 큰 쪽으로부터 전도대(Conduction Band), 금지대 (Forbidden Band), 가전자대(Valence Band)가 존재한다.

▶ 실리콘 원자궤도의 설명에 없었던 전도대는 어디에 있는가?

지금까지의 실리콘 원자구조의 설명에서는, 실리콘 원자의 최외각 궤도가 가전자대라고 설명하였을 뿐 금지대, 전도대의 설명은 없었다.

그럼, 전도대, 금지대란 무엇인가? 또, 그것은 어디에 있는 것일까?

먼저 금지대에 대하여 설명해 보자면 실리콘 원자핵의 주변을 돌아다니는 전자궤도는 에너지 대역폭을 가지고 전자궤도가 규정되어 있다. 이 전자궤도 사이의 전자가 존재할 수 없는 영역이 금지대이다.

다음으로, 실리콘 원자 구조의 설명에 없었던 전도대는 어디에 있는 것일까요?

지금까지의 설명에는 없었지만 실은 제3 전자궤도(가전자대)의 바깥 외측의 제4 전자궤도가 존재한다. 일반적으로 전자가 존재하지 않는 빈 궤도이며, 저온 상태에서는 전자가 존재하지 않는다.

따라서 일반적인 실리콘 원자 구조에는 네 번째 전자궤도 (전도대)가 그려져 있지 않는 것이다.

그러나 원자 구조의 최외각에 있는 전자는 통상의 전자보다 멀리 떨어져 있기 때문에 원자핵으로부터의 속박은 비교적 약하고 온도상승(열에너지), 광조사 등 특히 불순물을 첨가한 경우는 일반 위치보다 바깥쪽의 궤도로 튀어나와 자유전자가 될 수 있다. 최외각 궤도에서 튀어나온 전자는 원자핵과의 끌어당기는 힘의 범위를 벗어나 새로운 전자궤도로 이동한다. 결과적으로 이 빈 공간의 궤도에 전자가 존재할 수 있을 것이다.

이 전자궤도가 전도대(Conduction band)이다. 지금까지 전도대에 있는 자유전자 수가 전기 저항의 변화(전류 흐름의 용이성)에 큰 영향을 미친다고 설명해 왔다. 이 전도대는 가전자대로부터 금지대를 지나 외측에 존재하고 있다.

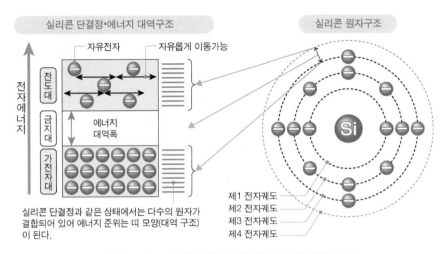

실리콘 단결정과 같은 상태에서는 다수의 원자가
결합되어 있어 에너지 준위는 띠 모양(대역 구조)
이 된다.

그림 2-10-1 실리콘 원자 구조와 에너지 대역 구조

▶ 새로운 제4 전자궤도가 전도대가 된다.

그림 2-10-1의 실리콘 원자 구조에서는 일반적으로 전자가 존재할 수 있는 첫 번째 원자
궤도에서 세 번째 원자궤도 까지만 도시하였다. 그러나 위에서 언급하였듯이 특정 조건에서
제3 전자궤도(최외각 전자궤도: 가전자대)의 전자는 외부의 전자궤도로 튀어 나올 수 있다.
이 궤도 즉, 제4 전자궤도가 자유롭게 움직이며 회전하는 전자(자유전자)가 존재할 수 있는
전도대이다.

원자 구조에서 전자궤도 사이에는 전자가 존재할 수 없는 대역이 있어, 이것을 에너지 대역
폭이라고 부른다. 당연히 제3 궤도와 제4 궤도 사이에는 에너지 대역폭이 존재한다.

실리콘 단결정과 같이 원자가 결집한 결정 상태가 되면, 옆에 있는 원자의 인력에 영향을
받고, 다수의 전자궤도가 중첩되어 에너지의 궤도 폭이 넓어지고, 전자궤도는 폭(Band: 대역
모양)을 갖게 된다. 이것이 그림 2-10-1의 실리콘 단결정의 전자에너지 대역 구조이다. 뒷부
분에서 설명하겠지만 일반적으로 에너지 대역폭이라고 하는 것은 에너지 대역 구조에서 전도
대와 가전자대의 에너지 간격에 해당한다.

여기서는 실리콘 단결정에 대하여 설명하였지만, 도체, 절연체에 대해서도 마찬가지로 에
너지 대역 구조를 설명할 수 있다.

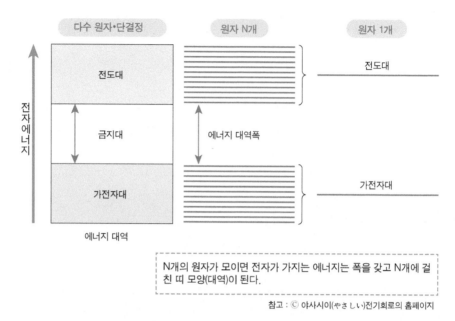

N개의 원자가 모이면 전자가 가지는 에너지는 폭을 갖고 N개에 걸친 띠 모양(대역)이 된다.

참고 : ⓒ 야사시이(やさしい)전기회로의 홈페이지

그림 2-10-2 실리콘 원자 1개와 N개에 해당하는 에너지 대역구조

▶ 다수의 원자가 모여 띠 모양(대역) 구조가 된다.

단일 원자의 경우, 위 그림에서 볼 수 있듯이 전도대와 가전자대는 모두 한 줄로 표시된다. 다만, 원자 1개의 경우는 사실은 띠 형상이 아니기 때문에 전도 전자나 가전자가 존재하는 에너지 준위(level)라고 부르는 것이 올바른 표현일지도 모른다.

에너지 준위는 원자가 결합할 때마다 분열하므로 2개의 원자가 결합하면 에너지 준위도 2개로 분열한다. 3개의 원자가 결합하면 그 에너지 준위도 3개로 분열한다. 따라서 위 그림과 같이 원자가 N개가 되었을 경우에는 N개의 에너지 준위로 분열하게 된다.

다수의 원자·단결정의 경우에는 무수한 원자가 결합하고 있으므로 에너지 준위도 다수의 준위가 존재하게 된다. 따라서 실리콘 단결정과 같은 고체 에너지 준위는 무수한 에너지 준위가 늘어선 띠 모양(대역)과 같게 될 것이다.

그림 2-10-2야말로 독자 여러분이 신기하게 생각하고 있던, "이 에너지 대역 구조도는 어디에서 나왔는가?"의 대답일 것이다.

도체, 반도체, 절연체의 에너지 대역 구조

2.11

지금까지 도체, 절연체, 반도체의 차이는 전도대의 자유전자수에 의하여 설명하였지만 이 장에서는 전자에너지에 기초한 에너지 대역 구조에 따라 도체, 절연체, 반도체의 차이를 설명 한다.

▶ 실리콘의 에너지 대역 구조를 결정하는 대역폭

에너지 대역 구조란 물질(특히 결정)의 전자에너지 상태를 도식적으로 나타낸 것으로써 전자가 자유롭게 이동할 수 있는 전도대, 완전하게 전자로 점유되고 있지만 모든 전자가 속박되어 이동할 수 없는 가전자대, 전도대와 가전자대 사이에 전자가 존재할 수 없는 금지대라는 3개의 대역(띠 모양)으로 나타낸다.

그리고 금지대의 폭을 대역폭이라고 한다. 물질에 따라 대역폭이 다르며 이 대역폭은 도체 · 절연체 · 반도체의 성질을 결정하는 기본이 되고 있다.

▶ 도체, 절연체, 반도체

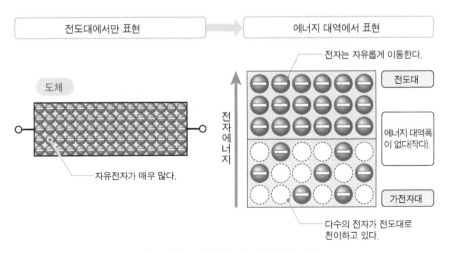

그림 2-11-1 도체의 에너지 대역 구조

전자에너지는 원자핵에서 멀어질수록 큰 에너지를 가지고 있다(에너지 대역 구조도에서는 위로 올라갈수록 에너지는 커진다.).

● 도체의 에너지 대역 구조

그림 2-11-1의 도체에서는 에너지 대역폭이 없거나 가전자대와 전도대가 겹친 상태로 되어 있다.

전자는 실온 부근의 열에너지에 의해 쉽게 여기(excitation)되어 많은 전자가 가전자대에서 전도대로 뛰어넘을 수 있어 전도대에는 많은 자유전자가 존재할 수 있게 된다. 따라서, 전압을 인가함으로써 자유전자가 이동하여 전류가 흐른다.

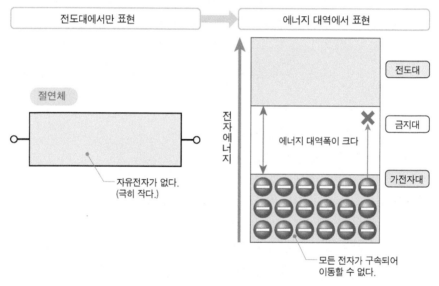

그림 2-11-2 절연체의 에너지 대역 구조

● 절연체의 에너지 대역 구조

그림 2-11-2의 절연체에서는 대역폭이 매우 크기 때문에 가전자대의 전자는 금지대를 뛰어넘어 전도대로 올라갈 수 없어 전도대에는 자유전자가 존재하지 않는다. 따라서 전압을 가해도 전류는 흐르지 않는다.

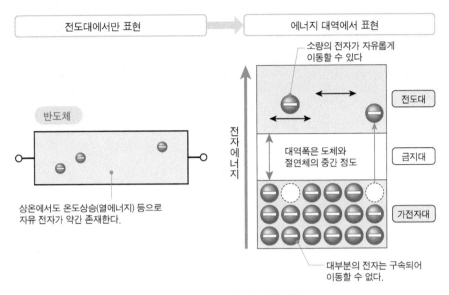

전도대에서만 표현 → 에너지 대역에서 표현

반도체

상온에서도 온도상승(열에너지) 등으로 자유 전자가 약간 존재한다.

소량의 전자가 자유롭게 이동할 수 있다

전자에너지

대역폭은 도체와 절연체의 중간 정도

전도대

금지대

가전자대

대부분의 전자는 구속되어 이동할 수 없다.

그림 2-11-3 반도체의 에너지 대역 구조

● 반도체의 에너지 대역 구조

그림 2-11-3의 반도체는 대역폭이 도체와 절연체 사이에 있으며 절연체 정도로 폭이 크지 않다.

도체와 비교해 보면 반도체에는 약간의 자유전자가 있다. 지금까지 상온에서도 온도(열에너지) 등에 의해 전도대에 자유전자가 존재하고 있음을 설명해 왔다.

이 자유전자가 어디에서 왔는지에 대한 설명을 에너지 대역 구조에서 할 수 있다. 원래 가전자대의 모든 전자는 원자핵으로 부터의 인력으로 구속되어 있다. 그런데 온도(열에너지) 등에 의해 약간의 전자가 전도대로 뛰어오르고 있다. 대역폭이 큰 절연체에서는 뛰어오르지 못하지만 반도체는 대역폭이 도체와 절연체의 중간 정도이기 때문에 약간의 전자가 뛰어 올라갈 수 있다.

전도대에 존재할 수 있게 된 전자는 속박되어 움직일 수 없는 전자에서 자유롭게 이동할 수 있는 자유전자가 되는 것이다. 결과적으로 반도체는 도체와 절연체 사이의 중간 정도 전도성을 나타낸다.

2.12 반도체에 불순물을 첨가하면 도체로 변화한다

절연체에 가까운 반도체 재료에 불순물을 첨가하면 왜 가전자대의 전자가 뛰어넘을 수 없었던 대역폭을 뛰어넘어 전도대에서의 자유전자가 되어, 도체로 변해 나가는지를 설명한다.

▶ 진성반도체와 불순물 반도체

진성반도체란 실리콘 잉곳으로부터 끌어 올린 불순물을 첨가하기 전의 반도체 재료(실리콘 웨이퍼 등)를 가리키며 반도체 제조 공정 등에서 불순물을 첨가한 것을 불순물 반도체라고 한다.

▶ 진성반도체에 불순물을 첨가한 불순물 반도체는 절연체에서 도체로 변화

진성반도체의 에너지 대역 구조는 가전자대와 전도대 사이에 있는 대역폭(금지대폭)이 도체와 절연체의 중간 정도로 절연체만큼 대역폭이 크지 않기 때문에 열에너지 등에 의하여 미량의 자유전자가 존재하고 있다는 것은 이미 설명하였다. 그러나 전도성은 여전히 절연체에 가까운 상태이다. 그러나 상온에서도 자유전자수를 대폭 증가시킬 수 있다면 반도체를 도체로 변화시킬 수 있게 된다.

● 반도체에 불순물 첨가

자유전자수를 크게 증가시키는 방법은 반도체 재료(실리콘 웨이퍼 등)에 불순물을 첨가하는 것이다. 불순물 첨가로 가전자대의 전자는 대역폭을 뛰어넘어 전도대에서 다수의 자유전자가 되고 반도체는 절연체에서 도체(자유전자가 이동할 수 있다=전류가 흐른다)로 변화할 수 있다.

이것은 불순물의 첨가로 마치 가전자대의 전자에 별도의 에너지를 부여한 것과 같은 일을 한다고 생각해도 좋을 것이다(보다 정확한 이해는 79페이지 참조).

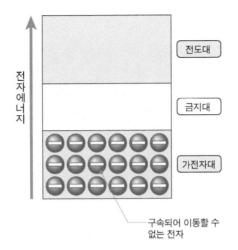

그림 2-12-1 진성반도체의 에너지 대역 구조

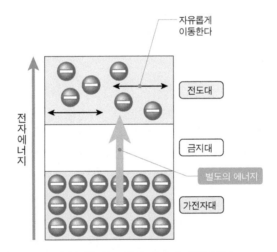

그림 2-12-2 불순물 반도체의 에너지 대역 구조

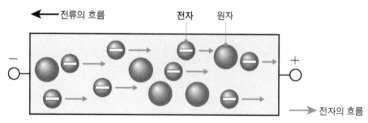

도체 내의 전자 중에 자유전자가 전압을 인가하면 이동하여 밖으로 나온다.

반도체 재료의 양단에 전압을 인가하면 가전자대에서 전도대로 뛰어 올라간 다수의 자유전자는 (+) 전압방향을 향해 이동한다. 이것은 반도체가 절연체에서 도체로 변화된 것이다.(여기에서는 원자도 함께 도시하였다.)

그림 2-12-3 전압을 인가하면 자유전자는 이동하여 전류가 흐른다.

● 진성반도체의 에너지 대역 구조

진성반도체는 온도 상승(열에너지)이나 광조사로 약간의 전자가 전도대에 존재하지만, 여기서는 무시할 정도의 소량이라고 가정하여 그림 2-12-1에서는 전도대에 자유전자를 도시하지 않았다.

● 불순물 반도체의 에너지 대역 구조

불순물 반도체에서는 진성반도체에 불순물 첨가에 의해 가전자대의 전자가 별도의 에너지를 얻어 금지대를 뛰어넘어 전도대로 뛰어 올라가 자유롭게 이동할 수 있는 자유전자가 된다(보다 정확한 이해는 79페이지 참조).

● 절연체에서 도체로의 변화

그림 2-12-3과 같이 반도체 재료 양단에 전압을 가하면 자유전자는 (+) 전압 방향으로 이동하여 전류가 흐른다. 이것이 절연체에서 도체로의 변화이다. 불순물 첨가에 의해 반도체가 절연체로부터 도체가 된다는 것을 이해하였다. 즉,

• 금속은 전도대에 자유전자가 원래 있어 도체가 되어 있다.
• 반도체는 불순물 첨가에 의하여 절연체로부터 도체가 될 수 있다.

이와 같이 이해하면 될 것이다.

N형 반도체란?

진성반도체에 불순물을 첨가한 불순물 반도체는 그 불순물의 종류에 따라 N형 반도체와 P형 반도체의 2종류로 분류할 수 있다. N형 반도체란 진성반도체에 불순물로서 인(P), 비소(As) 등을 첨가한 것이다.

▶ N형 반도체의 결정 구조와 절연체에서 도체로의 변화를 알아본다

실리콘은 4개, 인(P)은 5개의 가전자를 가지고 있다. 실리콘끼리 결합한 단결정(진성반도체)에서는 서로 인접한 실리콘 원자는 가전자 8개를 공유하여 안정된 결정을 이루고 있다.

이 실리콘 단결정에 불순물로서 미량의 인을 첨가하면 인은 실리콘의 일부를 인으로 대체하여 새로운 불순물이 들어있는 실리콘 반도체를 만들 수 있다.

이때 가장 바깥쪽은 가전자가 8개로 안정되어 있기 때문에, 인이 가지고 있던 5개의 가전자 중 1개가 과잉전자가 되어 원자에 구속되지 않고 자유롭게 돌아다닐 수 있는 전자인 자유전자가 된다.

그림 2-13-1의 예에서 실리콘 9개 중 하나가 인으로 대체되므로 9개의 원자 구조(실리콘 8개 + 인 1개) 안에 1개의 자유전자를 얻을 수 있을 것이다.

이 결정 구조에서 생성된 자유전자는 전압이 가해졌을 때 갈 곳을 찾아 (+) 전극에 끌리도록 이동하여 전기 전도에 기여하므로 반도체가 절연체로부터 전류가 흐르는 도체로 변화하게 된다(전기 저항이 작아진다.).

N형 반도체의 명칭은 전류의 구성 요소가 전자이기 때문이다. 전자는 Negative (−) 전하를 가지고 있으므로 N형 반도체라 명명한 것이다.

실제 반도체 제조에서 불순물의 첨가로 생성된 자유전자가 전도에 기여하여 저항률이 1/1,000에서 1/10,000으로 급격히 감소하면서 도체가 된다.

물론, 첨가하는 불순물 량을 많게 하면 자유전자의 수도 증가하고 불순물 반도체의 저항률도 그에 따라 작아진다.

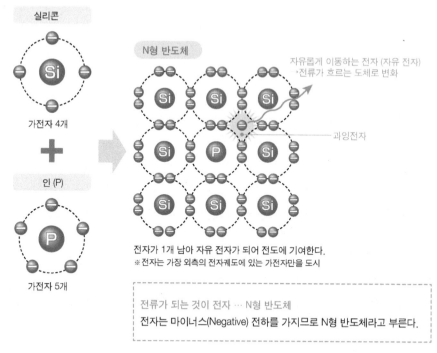

그림 2-13-1 **진성반도체에 미량의 인을 첨가한 N형 반도체**

● 과잉전자가 생기는 모습을 의자 잡기 게임으로 설명

73페이지에서 자유전자가 생기는 과정을 설명하고 있으며 여기서는 이 과정을 의자 잡기 게임에 비유하여 설명하고자 한다.

가전자 8개가 안정된 실리콘 결정 상태이다. 이것을 원자핵을 둘러싸는 의자 8개의 의자 잡기 게임이라 가정한다. 실리콘만이라면 8개의 의자는 이미 채워져 있다. 그러나 인이 첨가됨에 따라 의자를 잡지 못하는 과잉전자 1개가 생긴다.

이 1개의 과잉전자는 앉을 의자가 없기 때문에, 빈 의자를 찾아서 여기저기 불규칙하게 움직인다. 이것이 자유롭게 돌아다닐 수 있게 된 전자, 즉 자유전자이다.

자유전자는 (−) 전하이므로 물질(이 경우 실리콘)에 전압을 인가하였을 때 (+) 전극을 향해 이동해 간다. 그 결과, 물질에는 전류가 흐르게 되어 불순물 인의 첨가로 절연체가 도체로 변화하게 된다.

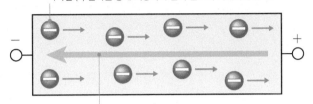

의자 잡기 게임에 실패한 전자는 자유 전자가 되고, 전압을
가하면 (+) 전극을 향해 이동하여 전기 전도에 기여하게 된다.

전류는 전자와 반대 방향으로 이동하며 (+) 전극에서 (-) 전극으로 흐른다.

전기 전도에 기여하는 자유 전자(전자)나 정공은 전하를 운반하고 있기 때문에 캐리어라고 부른다.

그림 2-13-2 **전자가 불규칙하게 이동하면서 절연체가 도체로 변화한다.**

● 전기 전도에 기여하게 된 전자를 캐리어라고 한다.

전기 전도에 기여하게 된 전자는 전하를 운반하는 담당자라는 의미에서 캐리어라고 한다. 캐리어는 일반적으로 운반차나 기차 등 화물을 운반하는 차량을 가리키지만, 여기서 캐리어는 전자(전하)가 탑재된 운반차로 생각할 수 있다.

한마디로 말하면 캐리어란 전류를 구성하고 있는 전하(전자)를 운반하고 있는 입자이다. 위에서 언급하였지만 캐리어가 전자인 반도체가 N형 반도체이다.

여기에서 한가지 첨언 할 것이 있다. 반도체에서는 지금까지 설명해 온 전자에 의한 절연체에서 도체로의 변화뿐만이 아니라 정공에 의해서도 도체가 될 수 있다는 것이다. (정공은 78 페이지에서 설명하겠지만 반도체를 이해하는 데 매우 중요하다).

금속이 전기가 잘 흐르는 도체가 되는 것은 캐리어(전자)에 의한 것이다. 그러나 중요한 것은 반도체에서는 금속과 달리 캐리어가 전자와 정공의 두 종류가 있다는 것이다.

반도체 소자인 다이오드나 트랜지스터는 이 2종류의 캐리어가 있어 가능한 것이다.

P형
반도체란?

N형 반도체에서는 절연체에서 도체로의 변화를 전자의 움직임으로서 파악해 왔지만, 실은 전자의 결손 공간(정공이라고 부르는 알맹이가 빠진 껍질과 같은 것)도 같은 행동을 한다. 이것이 붕소 (B) 등을 불순물로 첨가한 P형 반도체이다.

▶ P형 반도체의 결정 구조와 절연체에서 도체로의 변화를 이해한다

N형 반도체에서는 실리콘보다 가전자가 1개 많은 가전자 5개의 원소 (5가 원소: 인 등)를 불순물로서 첨가하였다. P형 반도체에서는 실리콘보다 1개 적은 가전자 3개의 원소(3가 원소: 붕소 등)를 첨가한다.

붕소를 첨가하면 실리콘의 일부가 붕소로 대체 되지만 전자궤도의 가장 바깥쪽은 가전자가 8개일 때 안정되므로 N형 반도체와는 반대로 1개의 가전자가 부족해져 전자의 결손 공간이 발생한다. 이것을 정공(hole)이라고 한다.

붕소를 첨가한 불순물 반도체에 전압을 인가하면 이웃에 있는 전자가 결손 공간인 정공으로 이동한다. 그러면 이번에는 이동해 온 전자가 있던 장소가 정공이 되고, 또 인근 전자가 이동해 올 수 있다.

이와 같이 전자는 공간을 따라 차례로 이동을 반복한다. 이 이동에서 정공의 움직임에 주목하여 생각해 보면 정공이 차례로 이동해 나가는 것과 동일할 것이다.

따라서 정공도 자유전자와 마찬가지로 전도에 기여하고 그 결과 전류가 흐르게 된다.

N형 반도체의 명칭은 전류를 구성하고 있는 것이 전자에 의한 것이기 때문이다. 마찬가지로 P형 반도체의 전류의 본질이 정공이며 정공은 「정전하를 가진 구멍」이기 때문에 양(Positive)의 전하를 가지고 있다. 따라서 P형 반도체라고 명명한다.

또한 정공의 이동 방향은 전자와는 반대로 (−) 전극으로 향하기 때문에 정공의 이동 방향은 전류와 동일한 방향이 된다.

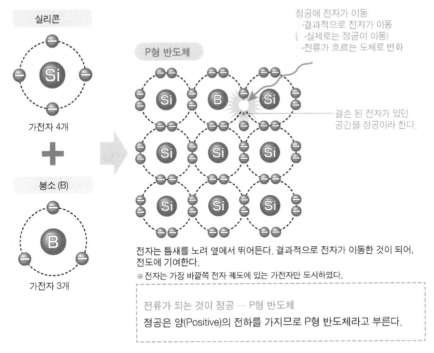

실리콘

가전자 4개

+

붕소 (B)

가전자 3개

P형 반도체

정공에 전자가 이동
·결과적으로 전자가 이동
(·실제로는 정공이 이동)
·전류가 흐르는 도체로 변화

결손 된 전자가 있던
공간을 정공이라 한다.

전자는 틈새를 노려 옆에서 뛰어든다. 결과적으로 전자가 이동한 것이 되어, 전도에 기여한다.
※ 전자는 가장 바깥쪽 전자 궤도에 있는 가전자만 도시하였다.

전류가 되는 것이 정공 … P형 반도체
정공은 양(Positive)의 전하를 가지므로 P형 반도체라고 부른다.

그림 2-14-1 진성반도체에 미량의 붕소를 참가한 P형 반도체

● 결손 공간 부분을 향한 전자 이동을 의자 잡기 게임에서 설명한다.

76페이지에서 전자의 결손 공간(정공)이 생성되는 과정을 설명하고 있다. 여기서는 이 과정을 의자 잡기 게임에 비유하여 설명하고자 한다.

가전자 8개가 안정된 실리콘 결정 상태이다. 이것을 원자핵을 둘러싸는 의자 8개의 의자 잡기 게임으로 생각하자. 실리콘만이라면 8개의 의자는 이미 채워져 있다. 하지만 붕소를 첨가한 경우에 붕소는 3개의 최외각 전자만을 갖기 때문에 의자 잡기 게임에서 의자 1개가 비어 있는 상태(빈 의자)가 된다. 빈 의자를 향해 인근의 전자가 빈 의자를 보고 뛰어들 수 있다. 즉, 여기에서 말하는 "빈 의자"가 전자의 결손 공간에 해당한다. 뛰어들어 이동한 전자의 의자가 비어 버리기 때문에 인근에서 빈 의자를 향해 또 다른 전자가 뛰어들 수 있다. 이와 같이 빈 의자(결손 공간인 정공)로 전자가 순차적으로 이동하게 되는 것이다.

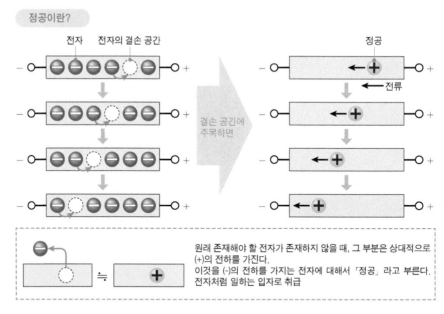

그림 2-14-2 **정공이 이동하여 도체가 된다.**

● 정공은 (+) 전하를 가진 전자와 같은 입자이다.

　P형 반도체에서의 정공은 원래 존재해야 할 전자가 존재하지 않을 때, 그 부분(결손 공간)
은 상대적으로 (+) 전하를 가진다. 이것을 (−) 전하를 가지는 전자에 대해서 정공이라고 부르
고, 전자와 같은 작용을 하는 입자로서 취급한다.

● 전자의 이동을 정공의 관점에서 본다.

　그림 2-14-2는 왼쪽 이웃의 전자가 누락 된 곳 (정공)으로 이동하는 모습을 나타낸 것이
다. 전자의 결손 공간에 주목해 보면 전자가 왼쪽에서 오른쪽의 결손 공간으로 순차적으로 이
동한다. 이 결손 공간인 장소가 정공이며 정공의 이동에 주목하면, 정공은 반대로 우측으로부
터 좌측으로 이동하는 것을 알 수 있다. 이것은 정공의 이동 방향이 전류와 동일하다는 것을
의미한다.

　정리하면, P형 반도체에서는 정공이 발생하고 그것이 이동하는 것에 의해 전류가 흐르게
되는 즉, 절연체로부터 도체가 된 것이다. 원래는 전자가 이동하지만 정공의 관점에서 움직임
에 주목한 것이 P형 반도체이다.

N형 반도체의
에너지 대역 구조

지금까지는 불순물의 첨가가 가전자대의 전자에 별도의 에너지를 준 것 같은 기능을 하고 있다고 설명하였지만 이 장에서는 이 현상을 정확하게 이해하기 위해 자유전자의 생성 과정을 에너지 대역 구조로 설명한다.

▶ 불순물 인의 첨가에 의해 생성된 도너 준위로부터 전도대로 전자 방출

N형 반도체는 진성반도체인 실리콘 단결정에 미량의 인(P) 등을 불순물로서 첨가한 것이다. 지금까지는 인의 첨가에 의해 별도의 에너지를 부여받은 가전자대의 전자가 대역폭을 뛰어넘어 전도대에 도달하여 자유전자가 된다고 설명해 왔다.

그러나 정확히 말하자면 가전자대의 전자가 직접 별도의 에너지를 부여받은 것이 아니라, 불순물 인의 첨가에 의해 금지대에 새로운 에너지 준위 생성에 의하여 불순물 원자(도너; donor)가 전도대에 전자를 공급함으로써 자유전자가 전도대에 나타나는 것이다.

불순물로서 인이 첨가되면 실리콘의 일부가 인으로 대체되어 하나의 과잉전자가 자유전자가 된다고 이미 설명하였다. 이것을 첨가한 인의 관점에서 보면, 전자 1개가 결손 된 원자 즉, 양이온화한 불순물 원자(전자를 전도대에 방출)가 생겼다고 생각할 수 있다.

● 의자 잡기 게임에서의 과잉전자를 에너지 대역 구조로 생각한다.

위의 설명에서는 잘 이해되지 않을 수도 있기 때문에 의자 잡기 게임에서의 과잉전자의 행동으로부터 에너지 대역 구조에 미치는 영향을 생각해 보자.

그림 2-15-1의 좌측에서 실리콘 결정에 인이 1개 첨가되었을 때 과잉전자 1개가 의자에 앉지 못하고 자유전자가 되었다고 설명하였다. 이것은 에너지 대역 구조로 말하면 전도대에 전자 1개가 생긴 것과 같다. 다만 주의할 점은 이 자유전자는 별도의 에너지를 부여받아 가전자대에서 뛰어 올라온 전자가 아니다.

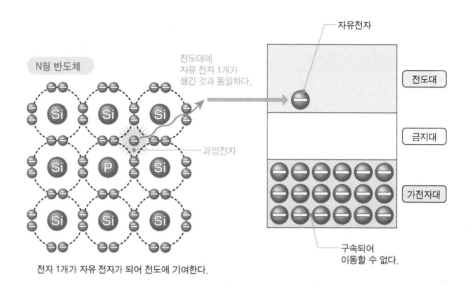

그림 2-15-1 과잉전자 1개가 생긴 상태를 표시한 에너지 대역 구조

● 전도대의 자유전자는 새로운 에너지 준위에 의해 만들어진다.

"전도대에 생긴 자유전자는 별도의 에너지로 가전자대에서 뛰어오른 전자가 아니라"고 하면 도대체 이 전자는 어디에서 생길 것일까 ?

그 대답은 불순물 인의 첨가로 인하여 금지대역에 새로운 에너지 준위(도너 준위)가 생성되기 때문이다.

● 불순물 인 첨가로 금지대역에 도너 준위를 만든다.

실리콘 결정에 불순물로 첨가된 인은 5가 원자이므로 5개의 가전자를 가지고 있다. 그러나 그 중 4개는 실리콘 원자의 4개와 공유 결합하여 견고하게 연결되어 있다. 그래서 인의 잉여전자 1개는 자유전자로서 불규칙하게 움직이고 있을 것이다.

최외각 전자는 원자핵에서 가장 멀리 떨어져 있기 때문에 원자핵의 구속에서 벗어나 자유전자가 되기 쉬울 것이다. 이 인의 과잉전자가 만드는 에너지 준위가 금지대 중의 전도대에 매우 근접하여 생긴 도너 준위이다.

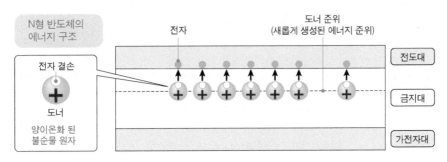

그림 2-15-2 N형 반도체의 에너지 대역구조

● 도너 준위란?

인의 과잉전자가 위치한 에너지 준위는 전도대 근처에 있다. 이 준위에서 전도대까지의 대역폭은 진성반도체의 약 1/20 정도로 작기 때문에 실온 부근의 열에너지에 의해 전자가 쉽게 뛰어올라 갈 수 있어 전도대에는 다수의 자유전자가 생성될 수 있다.

인의 전자가 전도대에 전자 공급자가 되기 때문에 이 불순물 원자를 도너(donor, 공급자)라고 한다. 따라서 도너 원자가 많이 있는 준위를 도너 준위라고 한다. 도너는 대부분의 전자를 전도대에 공급하여 양이온화 된 불순물 원자이다.

도너를 "양이온화 된 불순물 원자"라는 어려운 표현을 사용하였지만, 간단히 말하면 "반도체에 전자를 주는 불순물"이다. 또, 불순물 도너를 첨가하여 전자가 증가한 반도체가 N형 반도체라고 할 수 있다.

● 별도의 에너지의 정체는 도너 준위의 형성이었다!

불순물 인을 첨가한 N형 반도체의 에너지 대역 구조는 전도대 아래 근처의 금지대 중에 첨가한 불순물의 인이 도너 준위라는 새로운 에너지 준위를 생성한 에너지 대역 구조가 된다.

이것이 불순물을 첨가하였을 때 가전자대에서 전도대로 자유전자가 뛰어 올라온 별도 에너지의 정체였고, 이것이 바로 전도대에 생성된 자유전자의 정체였다.

2.16 P형 반도체의 에너지 대역 구조

P형 반도체는 불순물 붕소의 첨가에 의해 1개의 가전자가 부족해 정공이 생길 수 있다고 설명하였으며 이 장에서는 P형 반도체에 대해서 정공의 생성 과정을 에너지 대역 구조에 의해 설명하고자 한다.

▶ 불순물 붕소 첨가에 의해 생성된 억셉터 준위로부터 가전자대로 정공 방출

P형 반도체는 진성반도체인 실리콘 단결정에 미량의 붕소(B) 등을 불순물로서 첨가한 것이다. 지금까지는 붕소 첨가에 의해 가전자대의 전자가 결손되어 정공이 생길 수 있다고 설명하였다.

그러나 정확하게는 불순물 붕소의 첨가에 의하여 금지대에 새로운 에너지 준위가 생성되고 이로 인하여 불순물 원자(acceptor : 억셉터)가 가전자로부터 전자를 받아들임으로써 정공이 가전자대에 생성될 수 있는 것이다.

불순물로서 붕소가 첨가되면 실리콘의 일부가 붕소로 대체되어 1개의 전자가 결손된 정공이 생성된다고 설명하였다.

이것을 첨가한 붕소 관점에서 보면, 음이온화한 불순물 원자인 억셉터(전자를 가전자대로부터 받는 것)가 가전자대로부터 전자를 받아 생겼다고 생각할 수 있다.

이 상태를 P형 반도체의 에너지 대역 구조에서 보면 첨가한 불순물 붕소가 금지대 중의 가전자대의 상부 근처에 억셉터 준위라는 에너지 준위를 만든 것이다.

억셉터 준위까지의 대역폭이 작기 때문에 실온 부근에서의 열에너지에 의해 여기되어 가전자대에 구속되어 있던 전자를 억셉터가 받아들임으로써 가전자대에 정공이 생기는 것이다.

또한 이것은 반대로 생각해 보면 억셉터가 가전자대에 정공을 공급(방출)하고 있다고 생각할 수도 있다.

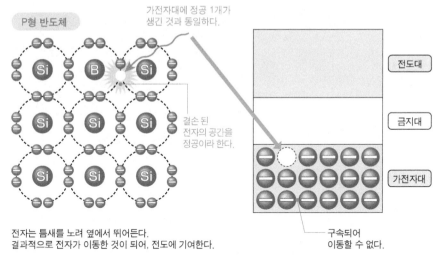

P형 반도체

가전자대에 정공 1개가
생긴 것과 동일하다.

전도대

금지대

가전자대

결손 된
전자의 공간을
정공이라 한다.

전자는 틈새를 노려 옆에서 뛰어든다.
결과적으로 전자가 이동한 것이 되어, 전도에 기여한다.

구속되어
이동할 수 없다.

그림 2-16-1 결손 전자(정공) 1개가 발생한 상태를 표시한 에너지 대역 구조

● 에너지 대역 구조에서 결손 전자를 의자 잡기 게임을 이용하여 설명한다.

N형 반도체의 설명과 마찬가지로 P형 반도체에 대해서도 의자 잡기 게임에서의 결손 전자를 에너지 대역 구조에서 생각해 보자.

그림 2-16-1의 좌측에서 실리콘 결정에 붕소가 1개 첨가되었을 때, 8개의 의자 중 1개가 빈 의자가 되고, 이 빈 의자가 결손 전자인 정공이 되는 것이다. 이것을 오른쪽의 에너지 대역 구조로 설명하자면 가전자대에 정공 1개가 생긴 것과 동일하다. 단, 주의할 점은 이 정공도 별도의 에너지 등에 의해 형성된 것이 아니라는 것이다.

● 불순물 붕소의 첨가는 금지대에 억셉터 준위를 만든다.

가전자대에 생성된 정공은 불순물 붕소의 첨가에 의해 금지대 중의 가전자대 상부 근처에 만들어지는 억셉터 준위에 의한 것이다. 붕소의 결손 전자가 위치하는 에너지 준위는 가전자대의 매우 근처에 존재한다. 이 준위에서 가전자대까지의 대역폭은 매우 작기 때문에 실온 부근의 열에너지에 의해 전자를 용이하게 받아들일 수 있어(가전자대의 전자가 억셉터 준위로 이동한) 가전자대에는 다수의 정공을 생성하게 되는 것이다.

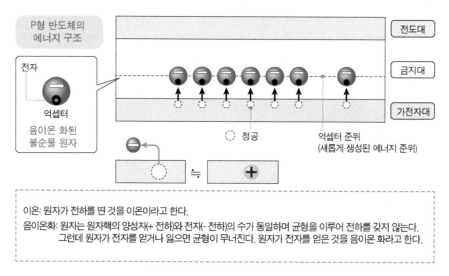

그림 2-16-2 P형 반도체의 에너지 대역 구조

● 억셉터 준위란?

붕소의 결손 전자가 가전자대로 부터 전자를 받아들이기 때문에 이 불순물 원자를 억셉터 (수령자)라고 한다. 그러므로 억셉터가 다수 존재하는 준위를 억셉터 준위라고 부르고 있다. 억셉터는 가전자대로 부터 전자를 받아들이고 음이온화한 불순물 원자가 된다.

억셉터를 "음이온화한 불순물 원자"라고 어렵게 표현하고 있지만, 간단하게 말하면 "반도체에 정공을 공급하는 불순물"인 것이다. 불순물 억셉터를 첨가하여 정공이 증가한 반도체가 P형 반도체라고 할 수 있다.

● 불순물 붕소가 첨가된 P형 반도체의 에너지 대역 구조

불순물 붕소를 첨가한 P형 반도체의 에너지 대역 구조는 가전자대 상부의 금지대 중에 첨가한 불순물 붕소가 억셉터 준위라는 새로운 에너지 준위를 생성한 에너지 대역 구조가 된다.

그리고 정공의 정체는 불순물 붕소를 첨가했을 때 억셉터가 가전자대에서 전자를 받아들이기(역으로 생각하면 억셉터가 가전자대에 정공을 공급한다.) 때문에 생성된 것이다.

N형 반도체와 P형 반도체의 다수 캐리어와 소수 캐리어

N형 반도체에는 전자가 P형 반도체에는 정공이 존재한다고 설명하였으며 이를 다수 캐리어라 한다. 실제로 N형 반도체에도 소수의 정공이, P형 반도체에도 소수의 전자가 존재하며 이를 소수 캐리어라 한다.

▶ 다수 캐리어와 소수 캐리어

N형 반도체는 첨가한 불순물(인 등)이 도너(공급자)가 되어 전도대에는 다수의 전자가, 또한 P형 반도체는 첨가한 불순물(붕소 등)이 억셉터(일렉트론의 수령자)가 되어 가전자대에 다수의 정공이 생성된다.

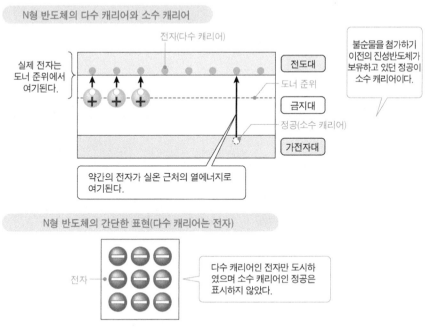

그림 2-17-1 N형 반도체의 다수 캐리어와 소수 캐리어

위에서 설명한 캐리어란 반도체에서는 다수 캐리어라고 부르고 있다. 지금까지 진성반도체는 불순물을 포함하지 않는 고순도 단결정이기 때문에 캐리어인 전자나 정공이 없다고 설명하였지만, 실제로는 상온에서 온도(열에너지)에 의해 여기되고 있는 전자나 정공이 미량(자릿수 차이에 따라 소량)이나마 존재하고 있다.

따라서, N형 반도체에도 미량의 정공이, P형 반도체에도 미량의 전자가 존재하며, 이러한 미량의 캐리어를 다수 캐리어에 대해서 소수 캐리어라고 부르고 있다.

즉, N형 반도체에서는 다수 캐리어가 전자, 소수 캐리어가 정공, P형 반도체에서는 다수 캐리어가 정공, 소수 캐리어가 전자가 된다.

불순물이 첨가되어 있지 않은 진성반도체에서는 전도대의 전자(자유전자)는 가전자대의 전자가 열에너지에 의해 여기되어 생성되고 있고, 그 전자의 빈 공간이 정공이 되고 있는 것이다.

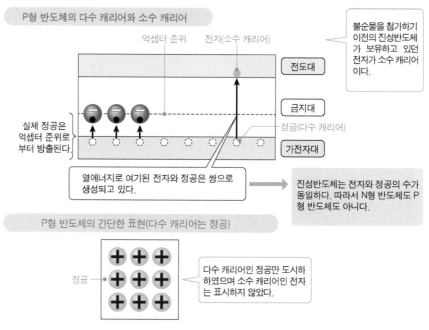

그림 2-17-2 P형 반도체의 다수 캐리어와 소수 캐리어

그러므로 전자수=정공수 이므로 다수 캐리어나 소수 캐리어에 대한 개념은 없다. 이것이 진성반도체가 N형 반도체도 P형 반도체도 아닌 이유이다.

3장의 P형 반도체와 N형 반도체를 접합한 다이오드에서는 다수 캐리어만으로 동작 원리를 설명할 것이다.

그러나 트랜지스터 (특히 MOS 전계효과 트랜지스터)의 동작 설명에서 다수 캐리어와 함께 소수 캐리어의 행동이 그 동작에 큰 영향을 미치는 것을 알 수 있을 것이다.

▶ 진성반도체는 절대온도 0도에서 전도성이 없다

이 장에서는 열에너지에 의해 가전자대로 부터 자유전자가 여기하거나 불순물을 첨가한 경우의 에너지 대역 구조를 설명하였다. 그러나 절대온도 0도에서는 가전자대의 전자는 구속되어 여기되지 않을 것이다. 따라서 전도성은 표시할 수 없다. 이 상태는 반도체가 아니라 절연체라고 해도 무방할 것이다.

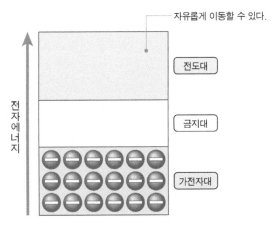

가전자는 완전히 구속되어 있어 전도대로 여기한 전자는 없다.

그림 2-17-3 진성반도체의 절대온도 0도에서의 에너지 대역 구조

2.18 반도체는 PN 접합으로 만들어진다

반도체의 모든 기본이 되고 있는 것은 N형 반도체와 P형 반도체를 접합시킨 PN 접합이라고 할 수 있다. N형 반도체와 P형 반도체를 어떻게 접합시키며 어떻게 조합하는지에 따라 그 기능과 전기적 특성이 결정된다.

▶ N형 반도체와 P형 반도체를 제대로 이해한다.

이 장에서는 3장부터 시작하는 반도체에 대하여 가장 중요한 PN 접합을 이해하기 전에, N형 반도체와 P형 반도체를 정리하기 위하여 가전자, 전자, 정공, 도너, 억셉터, 다수 캐리어, 소수 캐리어, 에너지 대역 구조 (전도대, 금지대, 가전자대) 등의 용어를 사용하여 다시 한번 정리해 본다.

● 가장 간단한 용어 설명

- **전자(electron)**
  음의 전기 (전하)가 있는 입자
- **정공(hole)**
  전자의 빈 공간에 양의 전기 (전하)가 있는 입자
- **도너**
  전도대에 전자를 공급하는 불순물/N형 반도체가 된다.
- **억셉터**
  가전자대로 부터 전자를 받아들이는 불순물 /P형 반도체가 된다.
- **전도대**
  대역 구조에서 전자(이동 가능한 자유전자)가 존재할 수 있는 에너지 대역
- **금지대**
  대역 구조에서 전도대와 가전자대 사이에 놓인 전자가 존재하지 않는 에너지 대역
- **가전자대**
  대역 구조에서 전자가 존재할 수 있지만 구속되어 있어 전혀 움직일 수 없는 에너지 대역

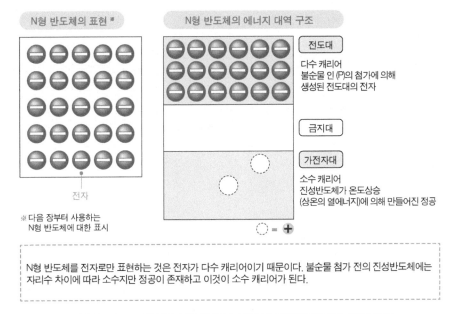

그림 2-18-1 N형 반도체 표현과 N형 반도체의 에너지 대역 구조

● N형 반도체

진성반도체에 불순물 인(P)을 첨가하면 가전자 1개가 별도로 생성되어 전도대에 자유전자를 공급하면서 절연체에서 도체로 변화한다.

이 자유전자는 가전자대에서 금지대를 뛰어넘어 전도대로 가는 전자가 아니다. 불순물인 인 첨가로 생성된 도너 준위로부터 여기된 전도대 전자임을 기억하자.

진성반도체가 온도 상승(상온의 열에너지)에 의해 생긴 전자에 비해 자릿수 차이가 큰 전자가 전도대에 생성되며 전자가 다수 캐리어인 N형 반도체가 된다.

● P형 반도체

진성반도체에 불순물 붕소(B)를 첨가하면 가전자 1개가 부족하여 전자의 빈 공간이 생성되며 가전자대에 정공이 공급된다. 결과적으로 전자 이동이 발생하여 절연체에서 도체로 변화한다.

이 정공은 불순물 붕소에 의해 생성된 억셉터 준위가 가전자대의 전자를 받아들임으로서 (가전자대에 정공을 방출함)발생한 것을 기억하자.

진성반도체가 온도상승(상온의 열에너지)에서 생긴 정공에 비해 자리 수 차이가 큰 정공이 가전자대에 생성되어 정공이 다수 캐리어인 P형 반도체가 된다.

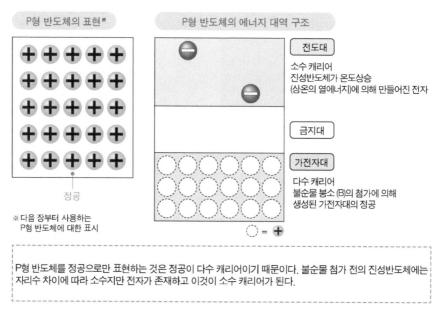

그림 2-18-2 P형 반도체 표현과 P형 반도체의 에너지 대역 구조

● N형 반도체가 P형 반도체보다 고속 동작하는 것은 이동도가 다르기 때문

N형 반도체의 전자 이동도는 P형 반도체의 정공 이동도에 비해 3배 정도 고속이므로 N형 반도체의 IC, LSI 성능도 3배 정도 뛰어나게 된다. 그럼 왜 정공 이동도는 작은 것인가? 엄밀하게 말해서 전자나 정공의 질량 등 복잡한 요소가 얽혀 있지만, 여기에서 개략적으로 설명하자면, 전자는 전도대에서 직선적으로 이동하는데 비하여, 정공은 가전자대를 직진할 수 없고(실제는 전자가 정공 쪽으로 이동해 온다) 날아다니듯이 불규칙하게 이동할 수밖에 없기 때문이라고 생각해도 좋다.

컬럼

도체의 전류는 고속으로 전달되지만 전자의 이동 속도는 느리다

전기는 순식간에 전달되지만 구리선에서 전자의 이동속도는 1초 동안 ～1mm에 불과하다.

1장에서는 도체와 절연체의 차이는 자유전자수로 정해진다고 설명하였다. 도체에서는 전류가 잘 흐른다. 그렇다면 전류가 흐를때 전자의 속도는 얼마일까?

● 여기서 1mm² 단면적의 구리선에 I=1 암페어(1A)의 전류가 흐르고 있을 때의 전류 속도를 계산해 보자.

① 단면적 S[m²]의 도체 내를 단위체적 당 n[개/m³]의 자유전자가 속도 V[m/sec]로 통과할 때의 전류 I[A]는 I=qnVS로 표현할 수 있기 때문에 전자 속도는

$$V = I/qnS$$

이다.

② 각각의 값은

q : 전자 1개의 전기량 1.6×10^{-19} [C]   C (쿨롱) = [A · sec]
n : 구리 1개의 자유전자 밀도 8.5×10^{28} [l/m³]
S : 구리선의 단면적 1.0 [1mm²] = 1.0×10^{-6} [m²]

이다.

③ 따라서 ①식 V는

$$V = 1.0/ (1.6 \times 10^{-19}) \times (8.5 \times 10^{28}) \times (1.0 \times 10^{-6})$$
$$= 7.4 \times 10^{-5} \text{ [m/sec]}$$

이다.

이 결과로부터 구리선을 흐르는 전류의 속도는 약 0.07 mm/sec로 매우 느리다. 그런데 어떻게 전류는 거의 광속에 가까운 속도로 전해지는 것일까? 전자 자신의 속도는 느리지만 구리선의 양단에 전압을 걸어 전계를 발생시킴으로써 모든 전자에 일제히 "이동하라"라는 명령이 광속으로 전해진다. 따라서 구리선의 선두에서 최후 꼬리의 전자까지 일제히 이동하고, 결과적으로 전류는 광속에 가까운 속도로 구리선 내를 흐르는 것이다.

▶ 출처 참고 : EMAN 물리학 https://eman-physics.net/circuit/ohm2.html#top)

Memo

3장

반도체 소자의
기본적인 다이오드, 트랜지스터 및
CMOS 동작 원리를 배우자!

PN 접합, 바이폴라 트랜지스터,
MOS 트랜지스터, CMOS

P형 반도체와 N형 반도체를 접합한 PN 접합에 대하여 에너지 대역 구조로부터 순방

향 특성, 역방향 특성의 차이, PN 접합으로 구성된 다이오드, 바이폴라 트랜지스터,

MOS 트랜지스터, CMOS의 동작 원리 및 CMOS의 우수한 특성을 설명한다.

3.1 반도체 부품, 반도체 소자, 집적회로의 분류

반도체 소자는 개별 반도체 소자와 집적회로(IC, LSI)로 분류되고, 개별 반도체 소자는 다이오드와 트랜지스터로 분류된다. 집적회로는 반도체 부품을 칩 상에 탑재한 슈퍼 전자부품이 된다.

▶ 반도체 소자의 분류

반도체 소자는 개별 반도체 소자와 집적회로로, 개별 반도체 소자는 다이오드와 트랜지스터로, 트랜지스터는 바이폴라 트랜지스터와 MOS 전계효과 트랜지스터(MOSFET)로 분류할수 있다. 또한 바이폴라 트랜지스터는 NPN 트랜지스터와 PNP 트랜지스터로, MOSFET은 NMOSFET, PMOSFET 및 CMOSFET으로 분류할 수 있다. 집적회로는 이들 반도체 소자를 100만 개~수억 개나 탑재한 슈퍼 전자부품이다.

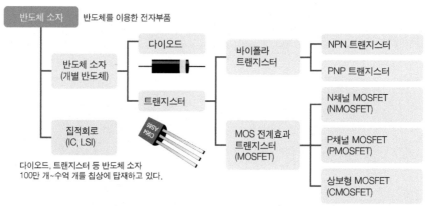

MOSFET : Metal Oxide Semiconductor Field Effect Transistor
(금속 산화막 반도체 전계효과 트랜지스터)
IC : Integrated Circuit
LSI : Large Scale Integration

※ 전계효과 트랜지스터에는 MOSFET와 접합 FET가 있다.(IC, LSI에 이용하는 것은 MOSFET이다.)

그림 3-1-1 반도체 소자와 집적 회로의 분류

▶ 다이오드, 트랜지스터의 기능

3장에서는 N형 반도체, P형 반도체로 구성된 반도체 소자의 가장 기본적인 다이오드, 트랜지스터의 구조·동작에 대해 자세히 설명한다.

먼저 여기에서는 다이오드의 기능(어디에 이용되고 있는가?)에 대해 설명한다.

● 다이오드의 동작

① 정류작용

다이오드는 반도체 중에서도 가장 기본적인 부품으로 전류를 한 방향으로만 흐르게 하는 특성을 이용하여 교류에서 직류로의 변환, 전류의 역류 방지 등에 사용한다. 정류작용의 한 방향으로만 흐르는 특성을 이용하면 (+)~(−)의 교류 파형을 (+) 측만을 꺼내서 직류로 변환할 수 있다.

② 검파작용

라디오, 텔레비전 등의 무선 방송의 전파(고주파 신호)를 정류함으로써, 음성신호나 화상 신호를 추출하는 것을 검파라고 한다. 방송국의 전파신호는 송신 주파수에 음성이나 화상 등을 합성하여 만들어져 있다.

③ 정전압작용

전자 장치에 사용하는 트랜지스터(IC, LSI)를 직류로 작동시키려 할 경우, 상용 전압인 220V는 너무 높을 것이다. 또 일정한 전압이 없으면 안정된 동작을 할 수 없다. 이를 위해 사용하는 것이 고전압을 강압하여 일정한 전압으로 하는 정전압 다이오드(제너 다이오드)이다.

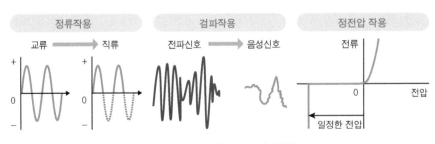

그림 3-1-2 **다이오드의 동작**

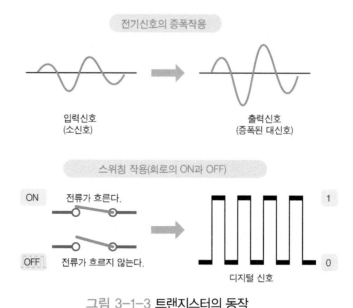

전기신호의 증폭작용

입력신호
(소신호)

출력신호
(증폭된 대신호)

스위칭 작용(회로의 ON과 OFF)

ON 전류가 흐른다.

OFF 전류가 흐르지 않는다.

디지털 신호

1

0

그림 3-1-3 트랜지스터의 동작

● 트랜지스터의 동작

① **전기신호의 증폭작용**

작은 입력의 전기신호를 큰 전기신호로 변환하는 것이 증폭작용이다. 노래방에서 마이크의 음성을 스피커에서 큰 음량으로 듣는 것, 미약한 전파를 수신하여 라디오나 TV로 듣고 시청할 수 있는 것은 트랜지스터의 증폭작용을 이용한 것이다.

실제 트랜지스터에서의 증폭작용/증폭회로에 대해서는 「3-8 바이폴라 트랜지스터의 증폭작용」에서 자세히 설명할 것이다.

② **스위칭 작용 (회로의 ON/OFF)**

디지털 회로는 디지털 신호의 "0"과 "1"의 두 값으로 구성되어 있다. 이 디지털 신호는 트랜지스터에 대한 입력 신호에 따라 트랜지스터의 출력 신호를 스위칭(ON/OFF로 전환)하여 생성된다. 최신 전자기기 즉, 예를 들면 스마트폰이나 PC 등은 모두 디지털 회로로 구성되어 있다. 디지털 회로에는 저소비 전력의 상보형 MOS 전계효과 트랜지스터(CMOSFET)를 이용한다. 「3-14 CMOS가 왜 저전력인가?」에서 자세히 설명할 것이다.

반도체의 기본인
PN 접합이란?

N형 반도체에는 전자가 P형 반도체에는 정공이 다수 존재한다. 이 둘을 접합시킨 PN 접합은 전위 장벽의 공핍층을 사이에 두고 P형 영역에는 정공이 N형 영역에는 전자가 존재하는 상태가 된다.

▶ PN 접합 후에는 전자와 정공의 결합·소멸에 의한 전위 장벽이 생긴다

P형 반도체와 N형 반도체를 접합하면 PN 접합을 제작할 수 있다. 이때의 전자, 정공의 움직임, 접합면에서의 현상, 그리고 접합 후의 PN 접합의 공핍층이라고 불리는 계면 상태, 에너지 대역 등에 대해서 차례대로 설명한다.

● P형 반도체와 N형 반도체가 접합되기 전에

그림 3-2-1의 왼쪽 그림에서 N형 반도체는 전자가 P형 반도체는 정공이 꽉 차 있다. 이 상태를 에너지 대역 구조로 나타낸 것이 오른쪽 그림이며 N형 반도체에서는 전도대에 다수 캐리어의 전자가, 가전자대에 소수 캐리어인 정공이, 그리고 P형 반도체에서는 가전자대에 다수 캐리어인 정공, 전도대에는 소수 캐리어인 전자가 존재하고 있다.

● PN 접합의 순간

여기서, N형 반도체와 P형 반도체를 접합시키면 P형 및 N형 영역의 캐리어 밀도의 차이를 해소하도록(또는 끌어당기도록) N형 반도체의 전자는 P형 반도체 영역을 향하고 반대로 P형 반도체의 정공은 N형 반도체 영역을 향해 이동한다.

이 접합의 순간에 전자의 음전하와 정공의 양전하는 결합하여 (교차하여) 전하가 0인 상태가 되어 소멸할 것이다. 이 현상을 확산 현상이라고 한다.

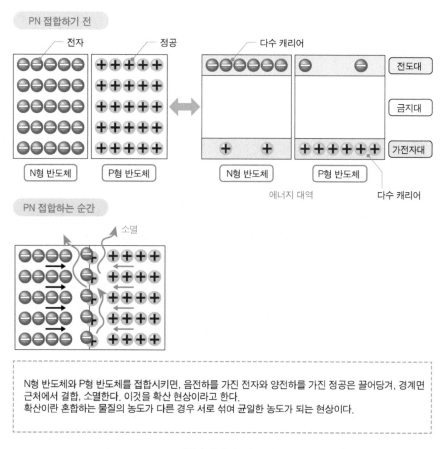

그림 3-2-1 PN 접합 (전자와 정공의 결합 및 소멸)Ⓐ

● PN 접합 후

그림 3-2-2는 PN 접합 후의 확산 현상이 일정하게 유지된 된 상태를 도시한 것이다. 확산 현상이 발생하는 영역에서는 전자의 음의 전하 에너지와 정공의 양전하 에너지가 결합하여 일정하게 되도록 중화되어 소멸하고 있다.

따라서 전자와 정공이 결합하여 소멸한 영역에서는 캐리어인 전자나 정공이 거의 없는 상태가 되며 이 영역을 공핍층이라고 부른다.

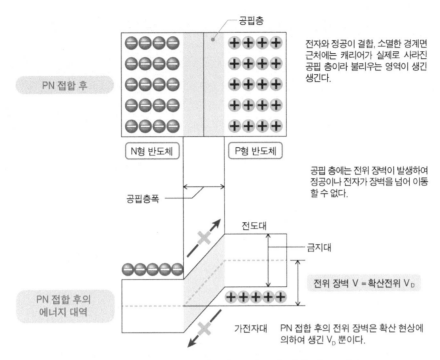

공핍층

전자와 정공이 결합, 소멸한 경계면 근처에는 캐리어가 실제로 사라진 공핍 층이라 불리우는 영역이 생긴 생긴다.

PN 접합 후

N형 반도체   P형 반도체

공핍층폭

공핍 층에는 전위 장벽이 발생하여 정공이나 전자가 장벽을 넘어 이동할 수 없다.

전도대

금지대

전위 장벽 V = 확산전위 V_D

PN 접합 후의 에너지 대역

가전자대   PN 접합 후의 전위 장벽은 확산 현상에 의하여 생긴 V_D 뿐이다.

그림 3-2-2 PN 접합 (전자와 정공의 결합 및 소멸)ⓑ

● PN 접합 후의 에너지 대역

공핍층은 P형 반도체와 N형 반도체의 에너지가 서서히 평형상태를 이루는 경계 영역이므로 에너지 준위는 경사지고 양 반도체 사이에 전위 장벽(다른 농도를 가지는 반도체가 접할 때, 반도체 사이에 형성되는 전위차)이 생긴다.

이 경우의 전위 장벽 V_D는 확산에 의하여 생긴 확산전위이다. 확산전위 V_D는 캐리어의 확산을 억제하기 위한 전위라고 생각되기 때문에, 전자도 정공도 이 장벽을 넘어서 통과할 수 없다.

PN 접합 후에는 아직 소멸하지 않고 남아 있는 전자, 정공이 많이 있다. 이와 같이 반도체의 PN 접합은, 전위 장벽이 되는 공핍 층을 사이에 두고 P형 반도체 영역에는 정공, N형 반도체 영역에는 전자가 존재하는 상태가 된다.

3.3 PN 접합에 순방향 전압을 인가하면

PN 접합에 순방향 전압/순방향 바이어스(P형 반도체에 전지의 +전극, N형 반도체에 전지의 (−) 전극)를 인가하면 PN 접합 반도체를 통해 전류가 흐른다.

▶ PN 접합에 순방향 전압을 인가하면 전위 장벽은 작아져 전류가 흐른다

PN 접합의 P형 측에 전지의 (+) 전극을, N형 측에 (−) 전극을 인가하면 전지의 (−) 전극으로부터 전자가 N형 반도체에 공급된다.

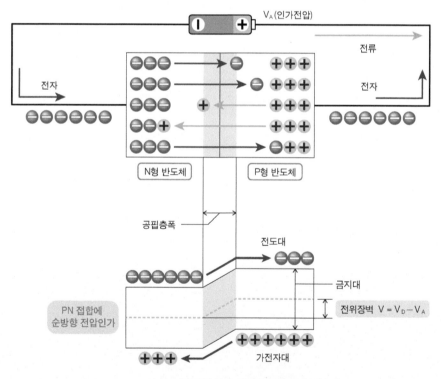

그림 3-3-1 PN 접합에 순방향 전압을 인가한 경우

P형 반도체에 걸린 (+) 전위는 P형 반도체의 에너지를 밀어 내리고 (양전하 정공의 에너지는 아래 방향이 크다), N형 반도체에 걸린 (−) 전위는 N형 반도체의 에너지를 밀어 올리므로 (음전하 전자의 에너지는 위쪽 방향이 크므로) PN 접합에 순방향 전압 V_A를 가했을 경우의 전위 장벽 V는 $V = V_D - V_A$가 된다.

여기서 전위 장벽 V는 N형 반도체와 P형 반도체의 에너지 차이이며 N형 반도체가 P형 반도체보다 낮은 에너지 상태이다. 이 조건은 전위 장벽 (에너지의 벽)을 작게 하는 방향이므로, 전자는 장벽을 넘어 P형 영역으로 이동하며 그 결과, 전자는 P형 반도체에서 전지의 (+) 전극 방향으로 흐를 수 있을 것이다.

그 후도 전자는 차례로 전지의 (−) 전극으로부터 공급되기 때문에 반도체 내부에서 결합으로 소멸되지 않은 과잉전자는 전지의 (−) 전극에서 (+) 전극을 향해 이동한다.

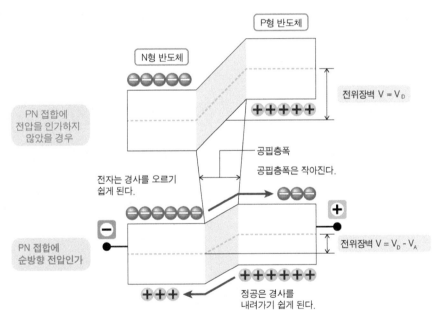

그림 3-3-2 PN 접합에 인가전압이 없을 경우와
PN 접합에 순방향 전압을 인가했을 경우의 에너지 대역도

이것이 배터리의 (+) 전극에서 (−) 전극으로 PN 접합 반도체를 통해 전류가 흐르고 있는 상태이다. 위의 전류가 흐르는 방향을 순방향이라고 하며 전압을 가하는 방법을 순방향 바이어스라고 한다.

● PN 접합에 순방향 전압을 인가했을 때의 에너지 대역 구조

그림 3-3-2는 PN 접합에 전압을 인가하지 않았을 경우와 PN 접합에 순방향 전압을 인가한 경우의 에너지 대역 구조를 비교하고 있다. 전압이 인가되지 않았을 경우와 순방향 전압이 인가될 경우, 어떻게 대역 구조가 변화하고 있는지를 생각해 보자.

PN 접합에 전압이 인가되지 않았을 경우는 전위 장벽 V는 확산전위 V_D이다. 또한 공핍층 폭은 PN 접합이 접촉했을 경우의 확산 현상에 의해 생긴 상태를 유지하고 있다. 전자와 정공도 공핍층을 사이에 두고

전위 장벽 $V=V_D$

에 의해 전도대와 가전자대에 머물러 있다.

여기서, PN 접합에 순방향 전압 V_A를 인가하면 전위 장벽 V는 인가전압 V_A 만큼 작아진다. 그러므로

전위 장벽 $V=V_D-V_A$

가 되어 N형 반도체에서 P형 반도체로의 전위 장벽의 경사가 완만해져 전도대에 있는 전자는 언덕길을 오르기 쉬워지고(정공 측에서 보면 정공은 언덕길을 내려오기 쉬워진다.), 전자와 정공의 이동이 계속 이루어지게 된다.

한편, 이것은 순방향 바이어스에 의해 공핍층 폭이 작아져 이 작아진 영역을 통과하기 쉬워졌다고도 말할 수도 있다.

PN 접합의 순방향 바이어스에 의한 에너지 대역 구조는 다음과 같다.

① 전위 장벽은 감소한다.
② 공핍층 폭은 좁아진다.

3.4

PN 접합에
역방향 전압을 인가하면

PN 접합에 역방향 전압/역방향 바이어스(P형 반도체에 전지의 (−) 전극, N형 반도체에 전지의 (+)전극)를 인가하면 PN 접합 반도체에는 전류가 흐르지 않는다.

▶ PN 접합에 역방향 전압을 인가하면 전위 장벽은 커져 전류는 흐르지 않는다

PN 접합에 역방향 바이어스(P형 측에 전지의 (−) 전극을, N형 측에 (+) 전극)를 인가하면, P형 영역의 정공은 전지의 (−) 전극에 당겨지며 N형 영역의 전자는 전지의 (+) 전극에 당겨진다.

이때 전자가 전지의 (−) 전극에서 P형 반도체로, 정공이 전지의 (+) 전극으로부터 N형 반도체에 공급되지만 각각 끌어당겨져 있던 전자와 정공과 결합하여 소멸한다.

이 경우의 전위 장벽 V를 생각해 보면 N형 반도체에 걸린 (+) 전위는 N형 반도체의 에너지를 밀어 내리고, P형 반도체에 걸린 (−) 전위는 P형 반도체의 에너지를 밀어 올려 PN 접합에 역방향 전압을 걸었을 경우의 전위 장벽 V는 $V_D + V_A$ 가 된다.

이 조건은 전위 장벽(에너지 장벽)을 크게 하는 방향이므로 전자는 커진 공핍층을 통과할 수 없어 움직일 수 없게 된다. 이것이 역방향 바이어스를 걸었을 때의 PN 접합 반도체에 전류가 흐르지 않는 상태이다.

● PN 접합에 역방향 전압을 인가했을 때의 에너지 대역 구조

그림 3-4-2는 PN 접합에 전압을 인가하지 않았을 경우와 PN 접합에 역방향 전압을 인가한 경우의 에너지 대역 구조를 비교하고 있다. 전압이 인가되지 않았을 경우와 역방향 전압이 인가되었을 때, 어떻게 대역 구조가 변화하고 있는지를 생각해 보자.

PN 접합에 전압인가가 없을 경우에는 전위 장벽 V는 확산전위 V_D이다. 또한 공핍층 폭은 PN 접합이 접촉했을 경우의 확산 현상에 의해 생긴 것과 동일하다.

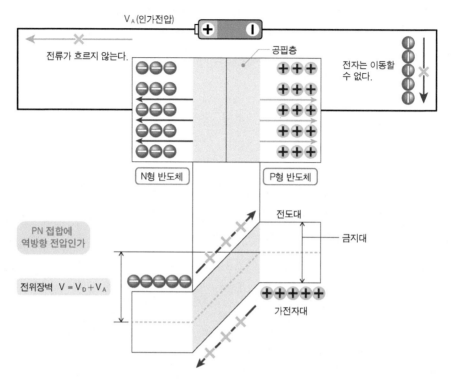

그림 3-4-1 PN 접합에 역방향 전압을 인가한 경우

전자와 정공도 공핍층을 사이에 두고

전위 장벽 $V=V_D$

에 의해 전도대와 가전자대에 머물러 있다.

여기서, PN 접합에 역방향 전압 V_A를 인가하면 전위 장벽 V는 인가전압 V_A만큼 커진다. 그러므로

전위 장벽 $V=V_D+V_A$

가 되어 N형 반도체에서 P형 반도체로의 전위 장벽의 경사가 급격해져 전도대에 있는 전자는 언덕길을 오르기 어려워져서(정공 측에서 보면 정공은 언덕길을 내려오기 어렵다.) 전자와 정공은 이동할 수 없게 된다.

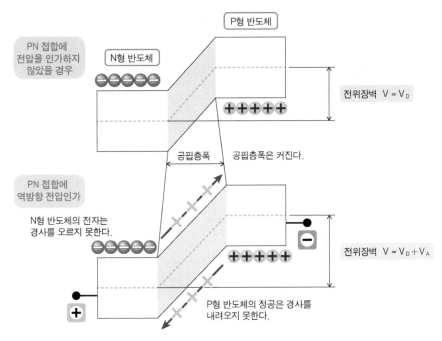

그림 3-4-2 PN 접합에 인가전압이 없을 경우와
PN 접합에 역방향 전압을 인가했을 경우의 에너지 대역도

한편, 이것은 공핍층 폭이 커져 이 영역을 지나 빠져나가기 어려워졌다고도 말할 수 있을
것이다.

PN 접합의 역방향 바이어스에 의한 에너지 대역 구조는 다음과 같다.

① 전위 장벽은 증가한다.
② 공핍층 폭은 넓어진다.

● 전위 장벽은 두 반도체 사이의 전계에 의한 전위차

전위 장벽은 빌트인(built-in) 전위, 내장 전위, 확산 전위 등으로도 표기되고 있으며 전위
장벽이란 공핍층 영역 내에서의 정공과 전자의 확산에 의해 양 반도체의 캐리어 농도가 평형
상태가 되기 위해 발생한 전계에 의한 전위차이다.

PN 접합 반도체가
다이오드, 전기적 특성은?

다이오드는 PN 접합을 가진 반도체 전자부품이다. 다이오드의 가장 큰 특징은 전류가 한 방향 (순방향)으로만 흐르는 것이다. 다이오드에는 전압–전류 특성과 PN 접합의 특성을 이용한 다양한 종류가 있다.

▶ 다이오드는 2극(2 단자) 구조

그림 3-5-1 상단은 반도체 소자(개별 반도체)의 다이오드 구조, 그림 3-5-1 하단은 집적 회로에서 다이오드 구조를 도시한 것이다. 집적회로 구조의 다이오드는 P형 기판(P형 실리콘 웨이퍼)에 제작되었다.

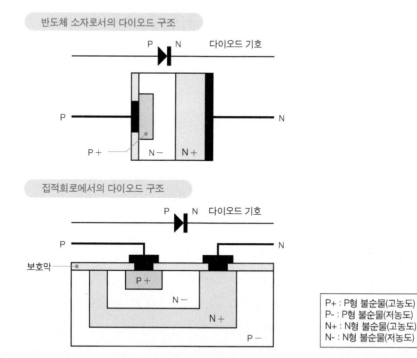

그림 3-5-1 다이오드 구성-반도체 소자(개별 반도체)와 집적회로 구조

▶ 다이오드의 전기적 특성

그림 3-5-2는 다이오드가 전류를 한 방향 (순방향)으로만 흐르게 하는 것(순방향 바이어스, 역방향 바이어스 특성)을 램프의 깜박임으로 보여주고 있다.

그림 3-5-3은 다이오드의 전기적 특성 즉, 전압(V)-전류(I) 특성을 보여준다. 이 전기적 특성으로부터 순방향 바이어스에서는 순방향 전압 V_F(0.5V 정도) 이상을 걸었을 때에 전류가 순간적으로 흐르기 시작하는 것을 알 수 있다.

또 역방향 바이어스에서는 전류는 흐르지 않지만, 한층 더 역방향 전압을 증가시키면 급격하게 전류가 흐르게 된다(항복현상; break-down). 이때의 전압을 항복전압(제너 전압; Zener voltage), 전류를 항복전류라고 하며 전압값 V_R은 전류에 대해 일정하게 된다.

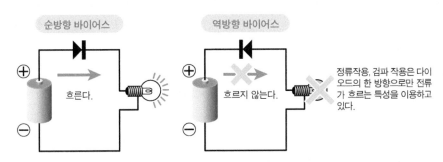

그림 3-5-2 다이오드의 순방향 바이어스와 역방향 바이어스

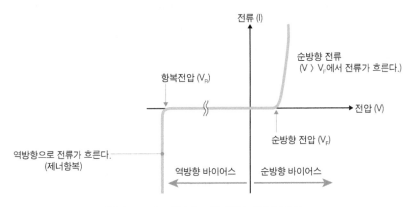

그림 3-5-3 다이오드의 전압-전류 특성

▶ 다이오드의 종류

다이오드에는 PN 접합의 특성을 이용한 다양한 종류가 있다.

❶ 정류 다이오드

PN 접합 특성을 이용한 가장 범용적인 실리콘 다이오드이다. 교류인 상용 주파수를 직류로 변환(정류)하는 정류 회로에 사용한다. 정류용 다이오드는 고전압, 고전류라는 특징이 있다.

❷ 정전압 다이오드(제너 다이오드)

그림 3-5-3과 같이 제너항복 현상을 이용한 다이오드이다. 전류 변화가 있어도 전압이 일정해진다는 특징을 이용하여 정전압 회로에 이용하거나, 서지(surge) 전류(뇌격 등에 의해 순간적으로 흐르는 대전류)나 정전기로부터 IC 등을 지키는 보호 소자로써 사용한다. 일반적인 다이오드는 순방향으로 이용하지만 제너항복을 이용하므로 역방향으로 사용한다.

❸ 터널 다이오드(에사키 다이오드)

1973년 노벨 물리학상 수상자인 에사키 박사의 발명에 따라 에사키 다이오드라고도 한다. 전압이 증가하면 전류가 감소한다는 부성저항 특성(터널효과)을 이용하여 마이크로파의 발진 회로 등에 사용하고 있다.

❹ 쇼트키 베리어(Schottky barrier) 다이오드

일반적인 다이오드는 P형 반도체와 N형 반도체를 접합한 PN 접합 구조이지만 이 다이오드는 금속과 반도체 접합에 의한 다이오드이다. 금속/반도체에 의한 PN 접합(쇼트키 접합이라고 함)은 순방향 전압이 매우 작기 때문에 고속 회로의 스위치 등에 사용한다.

❺ 광반도체

위의 전자회로에서 사용하는 범주에는 들어가지 않지만 광반도체(발광 다이오드, 광다이오드, 레이저 다이오드, 이미지 센서 등)도 반도체를 대표하는 PN 접합을 응용한 반도체 소자이다.

3.6 트랜지스터란?
트랜지스터의 분류에 대해 자세히 알아보기

트랜지스터는 바이폴라 트랜지스터, MOS 전계효과 트랜지스터(MOSFET)로 분류할 수 있다. 바이폴라 트랜지스터와 MOSFET의 특성과 특징에 대해 차이를 비교하면서 알아본다.

▶ 트랜지스터 구성은 3단자,
바이폴라 트랜지스터와 MOSFET로 분류

다이오드는 2단자 소자이지만 트랜지스터는 3단자 구조로써 하나의 단자(제어 단자)에 입력하는 전류 또는 전압으로 출력이 되는 2단자 사이에 흐르는 전류나 전압을 제어한다.

이 트랜지스터나 다이오드 다수 개를 실리콘 기판(실리콘 웨이퍼)에 탑재하여 전자 기능을 갖게 한 것이 집적회로(IC, LSI)이다.

트랜지스터는 동작 원리로부터 바이폴라 트랜지스터와 MOS 전계효과 트랜지스터(MOSFET)의 두 종류로 크게 분류할 수 있다.

● 바이폴라 트랜지스터

바이폴라 트랜지스터의 바이폴라는 전기 전도에 기여하는 캐리어가 전자(−전하)와 정공(+전하)의 2개 극(극성)에 관련되어 있기 때문이다. 전자회로에서 전기 신호의 스위칭 및 증폭에 사용된다.

또한 3단자 구조에서의 N형 반도체와 P형 반도체의 샌드위치 방법에 따라 NPN 트랜지스터와 PNP 트랜지스터로 분류할 수 있다.

바이폴라 트랜지스터의 단면 구조는 그림 3-6-1과 같으며 실리콘 기판 내부에 내장된 구조가 된다. 이 구조는 성능이 P형·N형 불순물의 확산 깊이에 의존하기 때문에 제조 시 제어가 어렵고 1개의 트랜지스터 면적은 MOSFET보다 커진다.

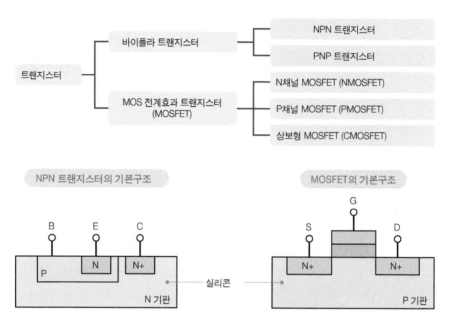

그림 3-6-1 트랜지스터의 분류/집적회로(IC,LSI)에서는 MOSFET가 주류이다.

대조적으로, MOSFET 구조는 N+ 불순물의 확산 깊이에 관계없이 실리콘 웨이퍼 표면의 치수 (N+ 불순물 ↔ N+ 불순물)로 동작 성능을 결정할 수 있으므로 미세화 기술이 있다면 작은 면적에서 성능이 뛰어난 고집적 IC 제조가 가능하다.

현재 IC의 대부분이 MOSFET로 제작된 이유 중 하나는 위의 구조에 기인한다.

● MOS 전계효과 트랜지스터 (MOSFET)

트랜지스터 구조 단면이 MOS 즉 Metal(금속)-Oxide(산화막)-Semiconductor(반도체)의 3층 구조를 하고 있으며 기능 동작이 전계효과(Field Effect)에 의존하기 때문에 MOSFET란 명칭이 붙은 것이다.

MOSFET은 전기 전도에 기여하는 캐리어가 한 종류이기 때문에(전자나 정공) 동작 원리상 바이폴라 형에 대하여 유니폴라 형(모노폴라 형)이라고 부르기도 한다. 전자회로에서는 바이폴라 트랜지스터와 마찬가지로 전기 신호를 스위칭하고 증폭하는 데 사용한다.

표 3-6-1 바이폴라 트랜지스터와 MOSFET의 특징

	바이폴라 트랜지스터	MOSFET
구동 방법	전류 구동(복잡한 회로구성)	전압 구동(간단한 회로구성)
구동 전력	크다	작다
스위칭 속도	저속	고속
온도 안정성	불량	우량
트랜지스터 면적	크다	작다(미세화 기술)
회로 방식	아날로그 회로에 이용	디지털 회로에 이용

- 구동 방법: 트랜지스터를 동작시키는데 필요한 전력 구동 방법 (전류인가? 전압인가?)
- 구동 전력: 트랜지스터를 작동시키는 데 필요한 전력. 적을수록 소비전력을 작게 할 수 있다.
- 스위칭 속도: 트랜지스터의 ON, OFF 전환 속도. 고속일수록 전자기기의 고속화가 가능.
- 온도 안정성: 온도 고저에 의한 동작 안정성. 온도 범위가 넓을수록 전자기기 성능의 안정성이 크다.

MOSFET은 게이트 전압에 의해 전류가 제어되는 채널 영역의 캐리어에 의해 N 채널 MOSFET(NMOSFET: 캐리어가 전자)와 P 채널 MOSFET(PMOSFET: 캐리어가 정공)로 분류할 수 있다. 또한 NMOSFET과 PMOSFET의 상보성의 전기 특성을 이용하여 PMOSFET와 NMOSFET을 동일 기판 상에 구성한 것이 상보형 MOSFET(CMOSFET: Complementary MOSFET)이다.

● 바이폴라 트랜지스터와 MOSFET의 특징

표 3-6-1에 바이폴라 트랜지스터와 MOSFET의 특징을 나열하였다. 독자에게 있어서 이해하기 어려운 것은 구동 방법과 구동 전력이라고 생각한다. 자세한 것은 향후 설명에서 이해할 수 있을 것이다. 이 두 항목에 대해서만 간단히 설명해 둔다.

바이폴라 트랜지스터는 입력 단자 (B)에 전압을 가하여 전류를 주입하지 않으면 트랜지스터는 동작할 수 없다. 전류가 흐르는 것은 전력 소비가 있다는 것이다. 이것은 바이폴라 트랜지스터가 전류 구동이란 것이다.

MOSFET은 입력 단자 (G)에 전압을 가하여 동작한다. 입력 단자 (G) 바로 아래는 절연막으로 이루어져 있기 때문에 입력 단자 (G)로부터의 전류는 흐르지 않아 전력 소비가 거의 없다. 이것이 전압 구동이다. 따라서 입력 단자 (G)에 전압을 인가하는 방법이 더욱 간단한 회로 구성일 것이다.

바이폴라 트랜지스터의 기본 동작원리

바이폴라 트랜지스터는 P형 반도체를 양단에서 N형 반도체로 접합한 NPN 트랜지스터와 N형 반도체를 양단에서 P형 반도체로 접합한 PNP 트랜지스터 2종류가 있다.

▶ 바이폴라 트랜지스터의 스위칭 작용

바이폴라 트랜지스터(바이폴라 접합형 트랜지스터: Bipolar Junction Transistor)는 2개의 PN 접합 영역으로 이루어져 있어 3층 구조의 양단이 컬렉터, 이미터, 중앙이 베이스라는 단자가 된다.

컬렉터(C)는 캐리어(전자, 정공)를 수집하는 단자, 이미터(E)는 캐리어를 주입하는 단자, 베이스(B)는 캐리어를 제어하는 동작 기반이 되는 단자이다.

우선 바이폴라 트랜지스터의 스위칭 동작을 설명하기 쉬운 NPN 트랜지스터로 설명해 보자.

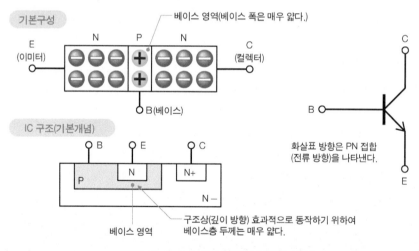

그림 3-7-1 NPN 트랜지스터의 구성

● NPN 트랜지스터가 OFF일 때

그림 3-7-3 왼쪽 그림에서 V_{BE}가 PN 접합의 순방향 전압 V_F보다 작은 경우에는 B~E 간에는 베이스 전류 I_B는 흐르지 않는다.(107페이지의 다이오드 V-I 특성에서 이미 설명하였다) 동작 조건으로서 C와 E 사이에는 출력을 얻기 위한 전압 V_{CE}를, B와 E 사이에는 입력이 되는 전압 V_{BE}를 인가한다.

또한 C~E 사이에는 V_{CE}가 걸려 있지만 NPN 구조의 일부 (C와 B 사이)가 역 바이어스 되어 있기 때문에 C~E 사이에는 컬렉터 전류 I_C는 흐르지 않는다.

● NPN 트랜지스터가 ON일 때

그림 3-7-3 오른쪽 그림에서 B와 E 사이에 PN 접합의 순방향 전압보다 큰 전압 V_{BE}를 인가하면(순방향 바이어스) 베이스 전류 I_B가 흐른다.(107페이지의 다이오드 V-I 특성에서 설명)

이때 이미터로부터 주입되고 있는 전자 중 일부는 베이스 전류가 되고 나머지는 가속되어 역방향 바이어스에도 불구하고 베이스 영역(매우 얇은 층으로 만들어져)을 뚫고 컬렉터에 도달하여 컬렉터 전류 I_C가 된다. PNP 트랜지스터의 경우도 V_{CE}와 V_{BE}의 전압 극성을 역으로 인가하여 동일하게 생각할 수 있다.

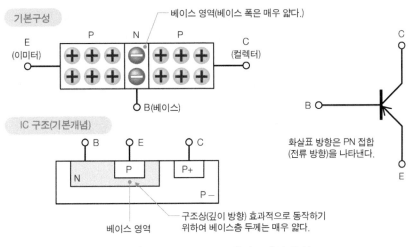

그림 3-7-2 PNP 트랜지스터의 구성

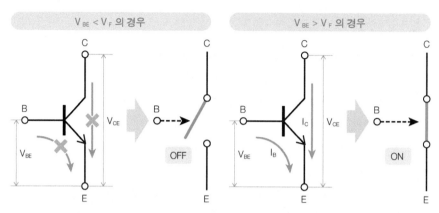

베이스 전류 I_B는 흐르지 않고, 결과적으로 컬렉터 전류 I_C도 흐르지 않기 때문에 OFF 상태이다.

베이스 전류 I_B가 흐르고 컬렉터 전류 I_C가 흐르는 ON 상태이다.

그림 3-7-3 NPN 트랜지스터의 스위칭 동작

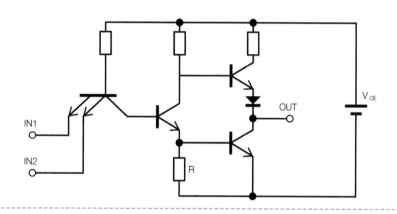

미국 Texas Instruments의 논리 IC (TTL 회로)의 예이다. 바이폴라 트랜지스터 시대를 대표하는 IC 시리즈였지만 소비 전력이 커서 나중에 CMOS로 대체되었다.

그림 3-7-4 바이폴라 트랜지스터의 논리회로도

NPN 트랜지스터의 스위칭 작용을 간단히 말하면 C~E 사이의 스위치가 베이스 전류 I_B를 검지하고, 흐르지 않으면 OFF, 흐르고 있다면 ON으로 하는 전자 스위치라고 생각해도 좋다.

3.8 바이폴라 트랜지스터의 증폭작용

바이폴라 트랜지스터의 증폭작용은 작은 베이스 전류 I_B로 큰 컬렉터 전류 I_C를 얻는 것이다. 그 증폭도 $h_{fe}(=I_C/I_B)$를 전류 증폭률이라고 한다.

▶ 바이폴라 트랜지스터의 증폭작용

먼저 이전 페이지의 NPN 트랜지스터의 OFF 상태에서 ON 상태로의 과정을 「그림 3-8-1 NPN 트랜지스터의 증폭작용」에서 자세히 설명한다.

B~E 사이에 PN 접합의 순방향 전압 V_F보다 큰 전압 V_{BE}를 인가하면 B~E간은 순방향 바이어스 되기 때문에 베이스 전류 I_B가 흐른다.

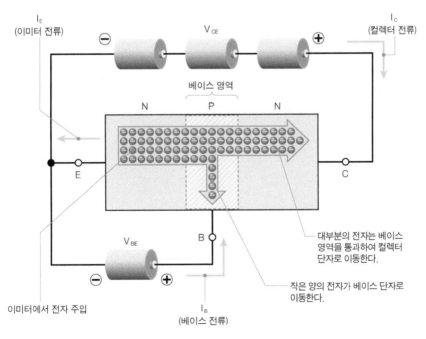

그림 3-8-1 NPN 트랜지스터의 증폭작용

이때 이미터에서 주입된 전자의 양은 매우 많고 그 일부의 전자가 베이스 영역의 정공과 결합하여 소멸하는 형태로 베이스 전류 I_B가 형성된다.

이미터로부터 주입된 대다수의 전자는 베이스 영역에서 정공과 결합하지 않고 매우 얇은 베이스 층(P형 반도체 영역)을 뚫고 컬렉터로 이동한다. 이것이 컬렉터 전류 I_C이다. 이것이 이전 페이지에서의 NPN 트랜지스터 ON 상태이며 실제로 얻어진 컬렉터 전류 I_C는 $I_C \gg I_B$와 같다.

즉, 작은 베이스 전류 I_B로 큰 컬렉터 전류 I_C를 얻었다는 것을 의미한다.

이것이 바이폴라 트랜지스터의 증폭작용이다. 여기서 증폭작용을 수식으로 전개해 보자.

「그림 3-8-2 회로도에서 증폭작용 설명」에서 아래와 같은 식 3-8-1의 관계가 성립한다.

식 3-8-1

$$I_E = I_B + I_C$$

그런데 $I_C \gg I_B$이므로 식 3-8-2와 같이 될 것이다.

식 3-8-2

$$I_E = I_B + I_C \fallingdotseq I_C$$

여기서 $I_C/I_B = h_{fe}$(전류 증폭율: 통상은 100~500의 값이다.)라고 하면 식 3-8-3과 같이 된다.

식 3-8-3

$$I_C = h_{fe} I_B$$

이 결과로부터 컬렉터 전류 I_C는 베이스 전류 I_B의 h_{fe}배로 증폭된 것을 알 수 있다. 이것이 바이폴라 트랜지스터의 증폭작용의 기본이다.

PNP 트랜지스터도 같은 동작에 의해 증폭작용을 한다. 그러나 전압을 가하는 방법은 (+, −) 방향이 반대이다.

NPN 트랜지스터의 경우

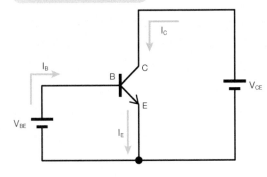

$I_E = I_B + I_C ≒ I_C$
전류 증폭률 h_{fe} = I_C ／ I_B
$I_C = h_{fe} · I_B$
(I_C는 I_B가 hfe 배로 증폭됨)

PNP 트랜지스터의 경우

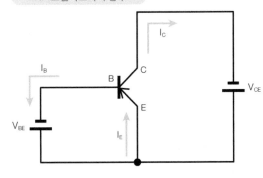

PNP 트랜지스터의 경우 전압을 가하는
방법이 바뀌므로 전류 방향은 반대이다.
전류 증폭률에는 변화가 없다.

그림 3-8-2 회로도에서 증폭작용 설명

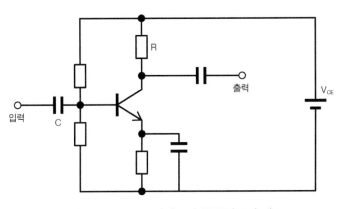

그림 3-8-3 트랜지스터 증폭회로의 예

IC에 필수적인
MOS 전계효과 트랜지스터

MOS 전계효과 트랜지스터(MOSFET)의 구조는 반도체 기판(실리콘 웨이퍼)에 소스 영역과 드레인 영역을 구성하고 게이트에서 산화막을 통해 채널 영역에 전계를 가하는 단순한 형태이다.

▶ MOS 전계효과 트랜지스터 (MOSFET)의 기본 구조

MOSFET 구조는 위에서 언급하였듯이 MOS:Metal(금속)−Oxide(산화막)−Semiconductor(반도체)의 3층 구조로 되어 있다.

MOSFET 동작은 게이트 (G)에 전압의 인가 여부에 따라 드레인(D)~소스(S) 2개의 전극 사이에 위치한 채널 영역에 전류 경로를 유도하여 D와 S 사이의 전류를 제어하는 것이다.

따라서 구조는 반도체 기판에 소스 영역과 드레인 영역을 만들고 게이트에서 산화막을 통해 채널 영역에 전계를 가하는 간단한 구조로 되어 있다.

채널 영역에서 전도에 기여하는 캐리어가 흐르는 폭 방향을 채널 폭(W), 주행하는 거리 방향을 채널 길이(L)라고 한다.

바이폴라 트랜지스터가 종방향 구조인데 비해 MOSFET은 횡방향(표면) 구조이기 때문에 제조하기가 비교적 쉽고 미세화가 가능해 고집적화가 필수적인 LSI에 적합하다.

또한 바이폴라 트랜지스터가 전류 구동(복잡한 회로구성)에 의해 동작하는 반면 MOSFET은 전압 구동(간단한 회로구성)에 의해 동작하므로 구동 전력(소비 전력)을 줄일 수 있다는 것도 큰 장점이다.

이미 위에서 언급하였지만 채널 영역에서 전류 전도에 기여하는 캐리어에 의해, 전자가 기여하는 N채널 MOSFET(NMOSFET)와 정공이 기여하는 P채널 MOSFET(PMOSFET)으로 분류한다.

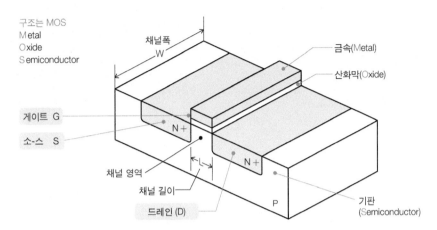

그림 3-9-1 NMOSFET(N채널 MOS 전계효과 트랜지스터)의 기본구조

● 채널 길이 L의 거리는 IC 고성능화에 가장 관련이 있다.

MOSFET 구조의 채널 길이가 짧을수록 캐리어 (전자나 정공)가 단시간에 채널 영역 (채널 길이 L 방향)을 이동할 수 있으며, 드레인과 소스 사이를 연결하여 스위칭 작용 (ON /OFF)을 고속화할 수 있다.

원래 채널(channel)이란 전송로, 주파수 대역, 해협 등의 의미가 있다. 먼 바닷길에 해협을 뚫기도 하고 육지와 육지 사이에 다리를 놓아 거리를 단축시키는 경우가 있다. 거리가 짧아질수록 단시간에 이동할 수 있기 때문에 큰 비용이 소요되어도 새로운 길을 건설하고 있는 것이다. 이와 동일하게 IC, LSI를 고성능화 하려면 드레인-소스 간의 거리(채널 길이)를 가능한 한 짧게 하는 것이 가장 중요하다. 조금 벗어난 이야기가 될지도 모르지만…, 만약 거리(채널 길이)를 짧게 할 수 없다면 어떻게 하면 좋을까? 즉, 전자 이동도가 큰 반도체 재료를 사용하면 될 것이다. 고주파 반도체로서 갈륨비소(GaAs)를 이용하고 있는 것은 전자 이동도가 실리콘의 5배 정도 크기 때문이다.

그림 3-9-1에 표시된 MOSFET 기본 구조는 동작 원리를 쉽게 설명할 수 있도록 가장 간단하게 도시한 것이다. 최신 MOSFET 구조는 미세화에 따라 평면적인 평면형보다 입체형으로 진화하고 있지만 기본적인 사고방식에는 변함이 없다. 입체화로의 진화 과정을 참고사항으로 그림 3-9-3에 도시하였다.

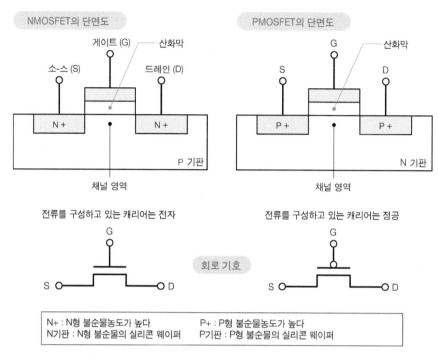

그림 3-9-2 MOSFET에는 NMOSFET과 PMOSFET가 있다.

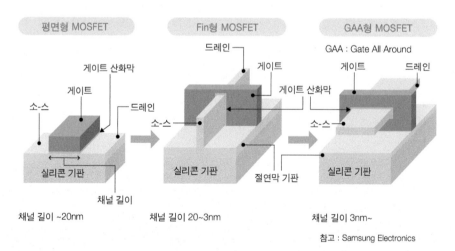

그림 3-9-3 미세화에 대응하는 MOSFET의 입체화

3.10 MOSFET의 전계효과에 의한 기본 동작

MOSFET은 3단자 구조이다. 게이트(G)에 전압을 가하면 주변에 전계가 발생한다. 이 전계는 산화막을 통해 게이트 바로 아래의 채널 영역에 영향을 미치고 드레인(D)과 소스(S) 사이를 제어하여 트랜지스터를 동작시킨다.

▶ MOS 전계효과 트랜지스터(MOSFET)의 기본 동작

이 절에서는 이해하기 쉬운 NMOSFET을 사용하여 MOSFET 구조의 전압 구동 동작을 자세히 설명한다.

MOSFET은 3단자 구조로 전자의 공급점(원)인 소스(S), 전자의 출구가 되는 드레인(D), 전압 제어를 하는 게이트(G)로 구성된다.

이 구조에서 게이트에 인가되는 전압의 크기를 제어함으로써 소스와 드레인 사이의 전류가 흐르거나 멈출 수 있다.

NMOSFET

게이트 (G)   산화막

소-스 (S)   드레인 (D)

N+   N+
채널
P기판

채널 영역

동작은 전계효과형 (FET)
게이트 전압을 인가하면 게이트를 통해 P 기판에 전계가 걸려 채널 영역에 영향을 미치면서 트랜지스터를 동작시킨다.

FET(Fiele Effect Transistor)는 전계가 영향을 미치며 동작하는 트랜지스터를 의미한다. 전계란, 전압을 걸었을 때에 전기적인 힘이 영향을 미치는 공간이다.

그림 3-10-1 MOSFET의 동작은 전계효과형(NMOSFET로 설명)

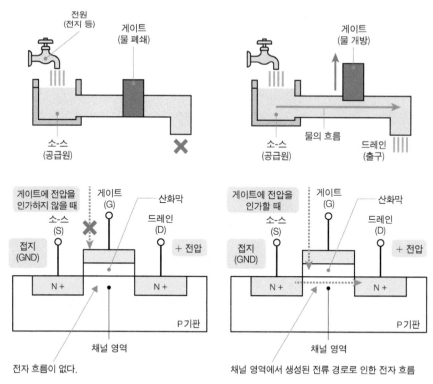

그림 3-10-2 MOSFET의 전계효과에 의한 전류제어(NMOSFET로 설명)

● MOSFET의 전계효과에 의한 전류제어: 전류가 흐르지 않는 경우

그림 3-10-2에서 아래쪽 NMOSFET(단면 구조)를 상부 수로와 비교하면서 생각해 보자. 왼쪽 상단 그림에서 수로의 소스(공급원)의 물은 게이트(닫힘)에 의해 차단되고 물은 멈추어 드레인(출구)으로 나가지 않는다.

이 상태는 수문의 게이트(폐쇄)가 왼쪽 아래 그림의 NMOSFET의 게이트(G)에 전압을 인가하지 않을 때에 해당한다. 따라서 채널 영역에서 소스(S)에서 드레인(D)으로 전자의 흐름이 없다.

이 상태는 다음 페이지에서 설명하는 NMOSFET의 OFF 상태이다.

● MOSFET의 전계효과에 의한 전류제어: 전류가 흐르는 경우

오른쪽 상단 그림에서 수로에 있는 소스(공급원)의 물은 게이트(G)가 열려 있으므로 물이 흐르고 드레인(출구)에서 물이 나온다.

이 상태는 수문의 게이트 (개방)가 오른쪽 아래 그림의 NMOSFET의 게이트 (G)에 전압을 인가했을 때(전압 표시) 에 해당한다. 따라서 채널 영역에 전류 경로가 생성되어 소스에서 드레인을 향해 전자 흐름이 발생한다.

이 상태는 다음 페이지에서 설명하는 NMOSFET의 ON 상태이다. NMOSFET의 경우 전류의 방향은 전자의 방향과 반대로 드레인에서 소스로 흐르는 것에 주의하자.

여기서는 NMOSFET로 설명하고 있지만, PMOSFET에 대해서도 인가하는 전압의 극성을 역(게이트, 드레인 모두 − 전압)으로 하여 상기와 같은 동작 설명을 할 수 있다.

또한 MOSFET의 게이트에 전압을 가해 채널 영역에 처음으로 전류 경로가 생성될 때의 전압을 문턱 전압(threshold voltage : V_{TH})이라고 한다(다음 페이지 이하에서 상세히 설명).

▶ MOSFET에서 게이트 산화막의 작용

MOSFET에서는 Metal(금속)인 게이트(G)와 소스(S) 사이에 전압을 인가하여 Semiconductor(반도체 기판)에 전계의 영향을 주어 트랜지스터를 동작시킨다. 따라서, 게이트(G)와 반도체 기판이 완전히 절연되어 있지 않으면 게이트(G)로부터 반도체 기판으로 누설 전류가 흐르고, 게이트에 전압을 가할 수 없어, MOSFET은 동작하지 않을 것이다.

따라서 MOSFET 구조에서 Oxide(산화막)는 매우 중요한 역할을 한다. 금속 (금속)과 반도체 사이의 게이트 산화막은 매우 깨끗한 반도체 기판과의 계면 유지, 절연 파괴 및 누설 전류 방지 및 최근의 미세화 구조에 필요하다. 절연막(극미세 박막 산화막)의 고용량화에 대응한 고품질의 절연막이 요구되고 있는 실정이다.

현재 반도체 기판에 실리콘이 사용되고 있는 것은 웨이퍼를 염가에 구입할 수 있으며 동시에 고품질의 실리콘 산화막(SiO_2)을 비교적 쉽게 제조할 수 있다는 장점 때문이다.

NMOSFET의
스위칭 동작

NMOSFET에 대해서, 드레인~소스 간 전압 V_{DS}, 게이트~소스 간 전압 V_{GS}를 인가(전기 회로에 전압이나 신호를 주는 것)하는 것으로 스위치 동작(OFF-ON)을 이해할 수 있다.

▶ NMOSFET에서 스위칭(OFF-ON)의 동작 원리

MOSFET의 스위칭 동작(OFF에서 ON으로의 천이 상태)을 알기 쉬운 NMOSFET로 설명한다. 또한 NMOSFET에서는 드레인 영역이나 소스 영역에는 N형 불순물이 첨가되어 있으므로 다수 캐리어인 전자가 가득 있으며, P기판은 P형 반도체(다수 캐리어는 정공)로써 소수 캐리어로서 약간 전자도 있다는 것을 기억해 두자.

● 스위치가 OFF일 때(V_{GS} < V_{TH}일 때)

그림 3-11-1은 게이트 전압 V_{GS}의 전압범위가 0~V_{TH} 사이의 상태이다. 게이트 전압 V_{GS}는 여전히 V_{TH} 이하이므로 게이트 바로 아래 채널 영역에는 변화가 없다. 따라서 소스에서 드레인으로 전자가 이동하지 않고 NMOSFET의 스위치는 OFF 상태이다.

● 스위치가 처음 ON일 때(V_{GS} = V_{TH}일 때)

그림 3-11-2는 V_{GS} 전압이 점차 증가하여 처음 V_{GS} = V_{TH}가 되었을 때를 보여준다. V_{GS} < V_{TH}의 상태로부터 V_{GS}의 전압을 한층 더 올리면, 게이트가 서서히 (+) 전하로 채워져, 게이트 바로 아래 표면의 채널 영역에 (−) 전하의 전자가 조금씩 끌어당겨진다. 이것은 P 기판(다수 캐리어는 정공)에서 (−) 전하인 전자(소수 캐리어)가 NMOSFET의 표면에 유도되고 있다는 의미이다.

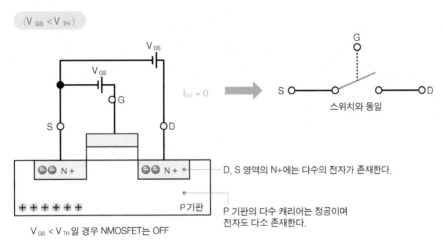

$(V_{GS} < V_{TH})$

$I_{DS} = 0$

스위치와 동일

D, S 영역의 N+에는 다수의 전자가 존재한다.

P 기판의 다수 캐리어는 정공이며
전자도 다소 존재한다.

$V_{GS} < V_{TH}$일 경우 NMOSFET는 OFF

그림 3-11-1 NMOSFET가 OFF 상태일 때 ($V_{GS} < V_{TH}$)

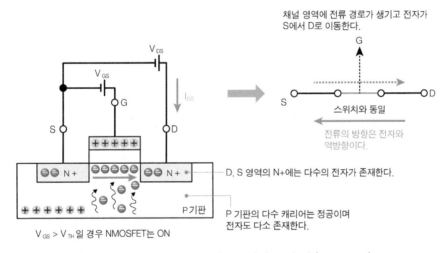

채널 영역에 전류 경로가 생기고 전자가
S에서 D로 이동한다.

스위치와 동일

전류의 방향은 전자와
역방향이다.

D, S 영역의 N+에는 다수의 전자가 존재한다.

P 기판의 다수 캐리어는 정공이며
전자도 다소 존재한다.

$V_{GS} > V_{TH}$일 경우 NMOSFET는 ON

그림 3-11-2 NMOSFET가 ON 상태로 될 때 ($V_{GS} = V_{TH}$)

따라서 게이트 · 소스 사이의 전압 V_{GS}가 $V_{GS} = V_{TH}$가 되면 마침내 드레인과 소스의 두 단자 사이는 전류 경로 (전자 브리지로 간주 될 수 있음)로 연결된다.

이 상태를 정확하게는 채널 영역의 캐리어가 P형 반도체의 정공에서 N형 반도체의 전자로의 반전 상태가 되었다고 한다.

이 때 드레인 · 소스 사이에는 전압 V_{DS}가 가해지기 때문에, 채널 영역의 전류 경로 (전자 통로)를 통해 소스에서 드레인을 향해 전자가 이동할 수 있다. 결과적으로 드레인에서 소스로 전류 I_{DS}가 흐르기 시작한다.

이것이 NMOSFET의 스위치 동작에서 OFF에서 ON이 된 최초의 상태이다.

● 스위치가 ON이 되어 전류가 한층 더 증가할 때 ($V_{GS} > V_{TH}$일 때)

그림 3-11-3은 $V_{GS} > V_{TH}$일 때를 보여준다. 전류 경로가 되는 전자는 더 많은 수가 유도되어 증가하고 전류 I_{DS}도 한층 더 커진다.

오른쪽의 전압 V_{GS}-전류 I_{DS} 특성에서 알 수 있듯이 전류 I_{DS}는 전압 V_{GS}의 크기에 비례하여 증가한다. 이것은 전압 V_{GS}에 의해 전류 I_{DS}의 증폭작용이 있음을 나타낸다.

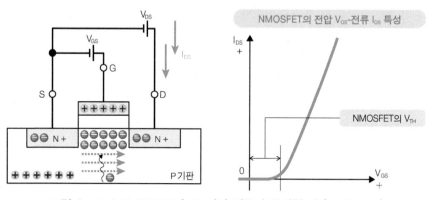

그림 3-11-3 NMOSFET가 ON되어 전류가 증가할 때 ($V_{GS} > V_{TH}$)

3.12 PMOSFET의 스위칭 동작

PMOSFET에 대한 스위치 동작(OFF-ON)을 이해해 본다. 단, PMOSFET에 대해서는 드레인~소스간 전압 V_{DS}, 게이트~소스간 전압 V_{GS}의 전압을 인가하는 방법은 NMOSFET의 경우와 극성이 반대가 된다.

▶ PMOSFET에서의 스위치(OFF → ON) 동작 원리

PMOSFET의 스위칭 동작(OFF에서 ON으로의 천이 상태)에 대해 설명한다.

먼저 NMOSFET의 전도에 기여하는 캐리어가 전자였던 것에 비해, PMOSFET의 전도에 기여하는 캐리어는 정공인 것에 주의하자.

따라서, PMOSFET에서는 NMOSFET와는 반대로 드레인 영역이나 소스 영역에는 P형 불순물이 첨가되어 있기 때문에 다수 캐리어인 정공이 가득 차 있고 N형 기판은 N형 반도체(다수 캐리어는 전자)로써 소수 캐리어로서 약간의 정공이 존재한다는 것을 기억하자.

또한 PMOSFET는 음전압으로 동작하기 때문에 알기 쉽게 전압, 전류의 표시는 절대값으로 표시한다.

● 스위치가 OFF 일 때 ($|V_{GS}| < |V_{TH}|$일 때)

그림 3-12-1은 게이트 전압 $|V_{GS}|$의 인가전압이 0에서 $|V_{TH}|$ 이하의 상태이다.

게이트 전압 $|V_{GS}|$는 여전히 $|V_{TH}|$ 이하이므로 게이트 바로 아래의 채널 영역에는 변화가 없다. 따라서 소스에서 드레인으로의 정공 이동은 없으며 MOSFET 스위치가 OFF 상태이다.

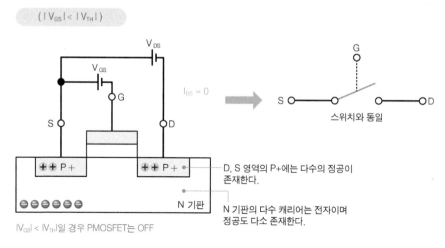

$(|V_{GS}| < |V_{TH}|)$

$I_{DS} = 0$

스위치와 동일

D, S 영역의 P+에는 다수의 정공이 존재한다.

N 기판의 다수 캐리어는 전자이며 정공도 다소 존재한다.

$|V_{GS}| < |V_{TH}|$일 경우 PMOSFET는 OFF

그림 3-12-1 PMOSFET가 OFF 상태일 때 $(|V_{GS}| < |V_{TH}|)$

● 스위치가 최초로 켜지면 ($|V_{GS}| = |V_{TH}|$ 일 때)

그림 3-12-2는 $|V_{GS}|$의 전압이 점진적으로 증가하여 처음으로 $|V_{GS}| = |V_{TH}|$가 될 때를 보여준다. $|V_{GS}| < |V_{TH}|$의 상태로부터 한층 더 $|V_{GS}|$의 전압을 올리면, 게이트가 서서히 (−)전하로 채워져 가게 되고, 게이트 바로 아래 표면의 채널 영역에 (+) 전하의 정공이, 조금씩 모이게 된다.

이것은 N형 기판(다수 캐리어는 전자)으로부터 (+) 전하의 정공(소수 캐리어)이 PMOSFET의 표면에 유도되고 있는 것이다.

따라서 게이트·소스 사이의 전압 $|V_{GS}|$가 $|V_{GS}| = |V_{TH}|$가 되면 드레인과 소스의 두 단자 사이는 전류 경로(정공에 의한 경로로 간주 될 수 있음)에 의해 연결될 것이다.

이 상태를 정확하게는 채널 영역의 캐리어가 N형 반도체의 전자에서 P형 반도체의 정공으로 반전 상태가 되었다고 한다.

이 때 드레인·소스 사이에는 전압 $|V_{DS}|$가 인가되어 채널 영역의 전류 경로(정공 경로)를 통해 소스로부터 드레인를 향해 정공이 이동할 수 있게 된다. 결과적으로 소스에서 드레인쪽으로 전류 I_{DS}가 흐르기 시작한다.

이것이 PMOSFET의 스위치 동작에서 OFF에서 ON이 된 최초의 상태이다.

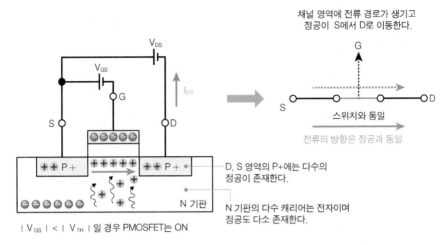

그림 3-12-2 PMOSFET가 ON이 될 때 ($|V_{GS}| = |V_{TH}|$)

● 스위치가 켜지고 전류가 더 증가할 때 ($|V_{GS}| > |V_{TH}|$ 일 때)

그림 3-12-3은 $|V_{GS}| > |V_{TH}|$ 의 경우를 보여준다. 전류 경로가 되는 정공은 더 많이 유도되어 증가하고 전류 I_{DS}도 한층 더 커진다. 전압 V_{GS}-전류 I_{DS} 특성은 NMOSFET과 유사하나 전압과 전류의 방향은 반대이다.

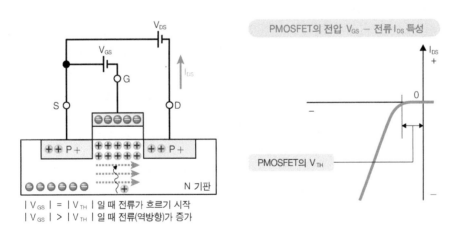

그림 3-12-3 PMOSFET가 ON 되어 전류가 증가할 때 ($|V_{GS}| > |V_{TH}|$)

IC에 널리 사용되는 CMOS란 무엇일까?

CMOS(Complementary MOS)는 NMOSFET와 PMOSFET를 한 쌍으로 사용한 논리회로 구성을 말하며, NMOSFET와 PMOSFET의 동작 특성을 상보적(Complementary)으로 결합한 회로이다.

▶ Complementary의 상보적이란 무엇을 의미할까?

Complementary의 상보적은 「서로 보충하는 관계에 있는 것」의 의미로써 NMOSFET의 게이트 전압이 1일 때 스위치가 ON 상태, PMOSFET에서는 반대로 게이트 전압이 0일 때 스위치가 ON 상태가 된다. 이를 이용하여 동일한 게이트 전압으로 NMOSFET 또는 PMOSFET 중 어느 하나만 ON이 되도록 구성한 회로이다.

CMOSIC (CMOS로 구성된 IC)는 NMOSFET 및 PMOSFET 단독으로 구성한 회로에 비해 저전압 동작이 가능하고 (저소비 전력성이 우수하다) 내잡음 여유도 (잡음으로 인한 오동작이 감소한다.) 등의 우수성이 있어 현재 전자기기에서 IC로서 가장 범용적으로 사용되고 있다.

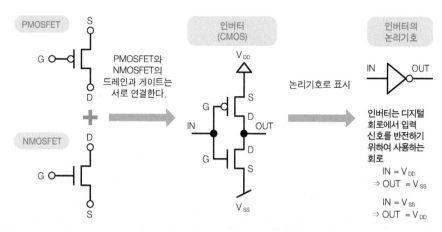

그림 3-13-1 CMOS는 NMOSFET와 PMOSFET를 하나로 구성한 회로

▶ CMOS 인버터의 회로 구성

CMOS 인버터란 CMOS 형태를 이용한 인버터(반전회로, NOT회로)이다.

그림 3-13-1의 CMOS 논리회로 인버터의 구성은 NMOSFET와 PMOSFET의 게이트를 연결한 입력 신호 IN, 드레인을 연결한 출력 신호 OUT, PMOSFET의 소스 전원 전압 (V_{DD}), NMOSFET 소스를 접지한 전압 (V_{SS})으로 설정한다.

왜 CMOS 인버터에서는 MOSFET의 드레인을 상호 연결하는지 이상하지 않는가?

지금까지 NMOSFET도 PMOSFET도 동작 설명에 있어서, 소스로부터의 드레인, 게이트의 전압을, 각각 V_{DS}, V_{GS}로 설정하고 있지만, PMOSFET에서는 그 값이 절대값으로 나타내고 있으므로 실제로는 음의 값이다. 따라서 NMOSFET와 PMOSFET을 동일 게이트 전압으로 ON/OFF 시키기 위해서는 드레인과 소스의 인가전압의 극성을 반대로 하여 PMOSFET의 소스는 V_{DD}로 PMOSFET의 드레인은 NMOSFET의 드레인 D와 연결해야 한다. 이 관계는 CMOSFET를 작동시키는 데 필수적인 조건이다.

▶ 집적회로에서 CMOS 회로의 단면 구조

상기 회로 구성의 CMOS 인버터를 IC로 실현하는 경우는 실리콘 기판에 NMOSFET와 PMOSFET를 한 쌍으로 제작한다. NMOSFET와 PMOSFET을 따로따로 만들어 2개의 MOSFET을 배선 접속하거나 MOSFET를 상호 접합하는 것은 아니다.

따라서, 1개의 반도체 기판에 P형과 N형 2종류의 MOSFET를 만들어야 하기 때문에 초기 공정 단계에서 실리콘 웨이퍼 기판에 어느 한쪽 기판의 반대가 되는 도핑 영역을 미리 만들어 넣어야만 한다.

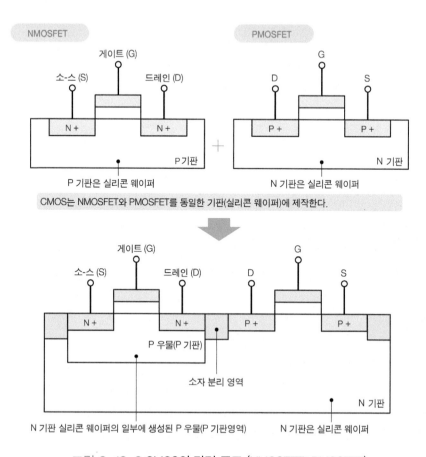

그림 3-13-2 CMOS의 단면 구조 (NMOSFET+PMOSFET)

그림 3-13-2의 예에서 NMOSFET는 N 기판 (N형 반도체 기판)의 일부 영역에 제작된 P 우물(well) (P 기판으로서 역할하는 영역)을 사용하고 있지만, 반대로 P 기판 (P형 실리콘 콘 웨이퍼)에 N 우물을 만들 수도 있고 두 개의 우물을 만들 수도 있다.

NMOSFET와 PMOSFET는 소자 분리가 필요하기 때문에 절연물(SiO$_2$ 산화막)에 의한 소자 분리 영역을 MOSFET 사이에 만든다. 그림에서 소자 분리 방법은 「그림 1-4-2 실리콘 웨이퍼 상에서 소자 분리 방법」에 표시한 STI(Shallow Trench Isolation)에 의한 구조이다.

3.14

CMOS가
왜 저전력인가?

CMOS 구조의 IC는 가장 기본적인 논리회로로 CMOS 인버터(반전기, NOT 회로)로 사용된다. CMOS 인버터는 입력이 일정한 1과 0일 때 누설 전류가 없어 디지털 회로(많은 LSI에 탑재)에 이상적인 구성이다.

▶ CMOS 인버터의 동작(입력 = H, L로 고정하면 누설 전류가 없는 이유)

CMOS 인버터의 회로 구성은 PMOSFET(PMOS)의 소스를 전원 전압 V_{DD}(이를 논리 회로에서는 높은 전위 H로 정한다.)에, NMOSFET(NMOS)의 소스를 접지 전압 V_{SS}(이를 논리 회로에서는 낮은 전위 L이라고 한다.)에 연결한다. 또한 NMOS와 PMOS 게이트를 상호 연결한 입력 신호 단자 IN과 두 드레인을 연결한 출력 신호 단자 OUT으로 설정한다.

기본 동작은 입력 신호를 반전하는 회로, 즉 IN=H일 때 OUT=L, 그리고 IN=L일 때 OUT=H가 된다.

● CMOS 인버터 : 입력 (IN) = L인 경우

그림 3-14-1 왼쪽 그림에서 입력 (IN)이 가해지면 NMOS 게이트는 V_{SS}가 표시되므로 OFF, PMOS 게이트는 V_{DD}가 표시되므로 반대로 ON이 된다.

MOSFET을 스위치 SW로 생각한 것이 중간 그림이며, NMOS가 스위치 OFF, PMOS가 스위치 ON으로 표시된다. 이 때 NMOS=OFF에서의 실제 저항값은 ~1,000MΩ, PMOS=ON에서의 실제 저항값은 1~10KΩ가 되어 저항 분할의 전압비에 의해 스위치는 각각 OFF와 ON으로 생각해도 차이가 없을 것이다. 오른쪽 그림은 이 상태에서의 전류 흐름을 보여준다. 출력(OUT)은 부하에 연결되고 전원 V_{DD}의 전류는 부하를 구동한다. 이 경우 부하는 다음 단의 전자회로 (예를 들면 동일한 인버터)이므로 유효한 전류가 된다.

또한 CMOS 인버터의 구동은 MOSFET의 게이트를 구동하므로 실제로는 거의 전류가 필요하지 않을 것이다. 이것이 MOSFET의 전압 구동으로 인하여 바이폴라 트랜지스터의 전류 구동에 비해 적은 전력으로 회로 동작이 가능한 이유이다.

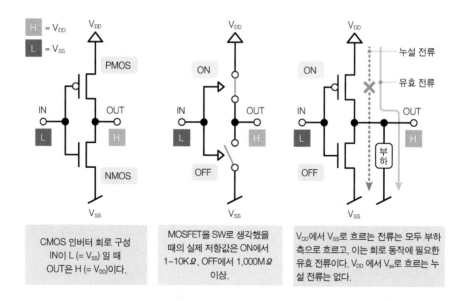

그림 3-14-1 CMOS 인버터의 입력이 L=V$_{SS}$인 경우

또 다른 전류 경로로써 V$_{DD}$에서 V$_{SS}$로 향하는 전류가 있다. 이 전류는 구동 회로에 기여하지 않기 때문에 동작에는 불필요한 누설 전류 (기생 전류)가 된다. CMOS가 뛰어난 것은 인버터의 전류 경로에 있어서 NMOS나 PMOS의 한쪽이 반드시 OFF이기 때문에 전류는 거의 0에 가까워 기생 전류인 누설 전류는 없다고 말할 수 있다. 위에서 언급하였듯이 여기에서 IN = L이면 NMOS가 OFF가 되어 전류가 흐르지 않는 상태이다.

● CMOS 인버터 : 입력 (IN) = H인 경우

그림 3-14-2 왼쪽 그림의 입력(IN)이 H이면 NMOS의 게이트는 V$_{DD}$가 표시되므로 ON, PMOS의 게이트에는 V$_{SS}$가 표시되므로 반대로 OFF된다.

그때의 MOSFET을 스위치 SW라고 생각한 것이 중간 그림이며, NMOS는 스위치 ON PMOS는 스위치 OFF 상태를 나타내고 있다. 이때의 실제 NMOS와 PMOS의 저항값은 IN=L의 경우와 반대가 되며 저항 분할의 전압비에 의해 스위치는 각각 ON과 OFF로 생각해도 차이가 없을 것이다.

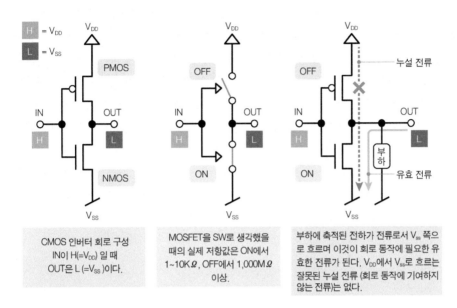

그림 3-14-2 CMOS 인버터의 입력이 H=V$_{DD}$인 경우

오른쪽 그림은 이 상태에서 전류 흐름을 보여준다. 부하를 구동하여 축적된 전하는 방전 전류로서 유효하게 작용하여 V$_{SS}$ 측으로 흘릴 수 있다.

전류 경로로써 다른 하나는 V$_{DD}$에서 V$_{SS}$로 향하는 전류가 있지만 IN = L의 경우와 마찬가지로 NMOS 또는 PMOS 중 하나가 반드시 OFF이기 때문에 전류 경로가 없어 누설 전류(기생 전류)는 거의 없을 것이다. 위에서 언급하였듯이 여기서 IN=H의 경우 PMOS가 OFF가 되어 전류가 흐르지 않는 상태이다.

● CMOS 회로의 장점

위와 같이 CMOS 인버터를 기본으로 하는 디지털 회로에서의 소비 전류는 모두 회로 동작에 유효하게 이용되고 있으며 누설 전류는 없다. 이것이 CMOS 인버터가 저전력을 소비하는 이유이다.

CMOSFET가 아닌 NMOSFET 또는 PMOSFET 만을 사용하는 인버터는 다음 페이지에서 설명하겠지만 불필요한 누설 전류가 발생한다.

NMOS, PMOS 인버터 및 CMOS 인버터의 동작 비교

CMOS 공정기술 (제조기술)이 본격적으로 양산공정에 도입되어 압도적인 저소비 전력화가 가능해져 현재의 스마트폰, PC 등의 모바일 기기가 실현되었다. 이 절에서는 CMOS 이전의 NMOS, PMOS의 인버터 동작을 CMOS 인버터와 비교한다.

▶ NMOS 인버터와 PMOS 인버터에 누설 전류가 발생하는 동작

NMOS 인버터, PMOS 인버터의 동작을 설명한다.

● NMOS 인버터, PMOS 인버터의 동작 설명

그림 3-15-1의 상단 그림은 NMOS 인버터 회로이다. NMOS 인버터에서 IN=L일 때, NMOS는 OFF가 되고 OUT=H가 되어 OUT에서 부하를 구동하는 유효한 전류가 흐른다. 이때 NMOS가 OFF이므로 V_{DD}에서 V_{SS}로의 전류는 흐르지 않는다.

그런 다음 IN=H일 때 NMOS는 ON이 되고 OUT=L이 되어 부하의 전하는 V_{SS}로 유효 전류가 흐른다.(부하에 충전된 방전 전류) 그러나 V_{DD}가 저항을 통해 V_{SS}에 연결되어 전류가 흐른다. 이것은 회로 동작에 기여하지 않는 누설 전류이다.

위와 같이 NMOS 인버터는 IN=H (OUT=L)일 때 누설 전류가 발생한다. 디지털 회로에서는 신호가 0, 1이므로 동작 시간의 반주기는 누설 전류가 흐르고 소비 전력이 증가할 것이다.

PMOS 인버터의 경우도 동작은 동일하지만 반대로 PMOS=ON이 되는 IN=L(OUT=H)일 때에 누설 전류가 발생하여 동작 시간의 반주기는 누설 전류가 흐르고 소비 전력이 증가하게 된다.

집적도가 증가하는 디지털 IC에서 NMOS 인버터와 PMOS 인버터 회로 구성을 사용하면 배터리가 순식간에 소비되므로 현재 모바일 장치를 실현하기에 적당치 않다.

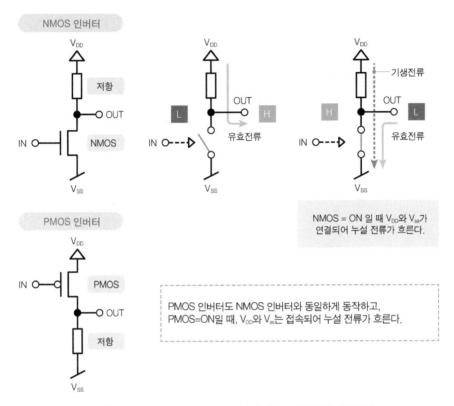

그림 3-15-1 NMOS, PMOS 인버터는 누설 전류가 발생

▶ 디지털 회로에서 인버터란?

일반적으로 가전업계에서 사용하는 인버터는 에어컨 등에 사용되고 있어 직류를 교류로 변환하는 전자 장치이다. 그러나 디지털 회로로 취급하는 인버터는 입력 신호를 반전 신호로 출력하는 논리회로를 나타낸다.

그림 3-15-2와 같이 입력 신호 H의 경우 출력 신호는 L로, 입력 신호를 L로 입력할 때 출력 신호는 H로 반전한다. 컴퓨터 등에서 사용하는 디지털 회로에서는 부울 대수(0과 1의 두 값만을 취급하는 대수학)로 정의해, 고레벨 H(=$V_∞$)를 1, 저레벨 L(=V_{SS})를 0으로서 취급한다.

컴퓨터 등의 논리회로(가감승제를 포함한 복잡한 계산을 실시하는 회로)는, 이 인버터를 기본 회로로 사용한 「1, 0」의 기술로 모두가 설계되고 있다.

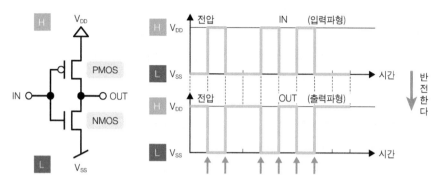

그림 3-15-2 CMOS 인버터의 논리 회로 동작

▶ 동작 주파수의 고속화·트랜지스터 수 급증에 의한 CMOS 소비 전력의 증가 요인

이 책은 지금까지 「CMOS는 누설 전류가 없어 소비 전력이 낮다」라고 설명해 왔지만, 최근의 시스템 LSI와 같이 탑재 트랜지스터 수가 수억 개로 증가하고 동작 주파수가 GHz까지 높아지면 역시 소비 전류가 증가하여 큰 문제가 될 것이다.

❶ 트랜지스터 수의 증가로 인한 누설 전류 증가(정적 소비 전력 증가)

지금까지 MOSFET은 임계 전압 (V_{TH}) 이상에서 ON 상태가 되어 전류가 흐르기 시작한다고 설명하였다. 그러나 실제로는 갑자기 흐르기 시작하는 것은 아니며, V_{TH} 이하의 전압에서도 극히 작은 미소 전류는 흐르고 있다. 트랜지스터 수가 수억 개까지가 증가하면 이 정상적인 미소 전류(subthreshold current ; 문턱전압이하 전류)도 무시할 수 없을 것이다.

❷ 고주파수로 인한 CMOS 논리 회로의 전류 증가(동적 전력 소비 증가)

그림 3-15-2의 입력 파형과 출력 파형은 구형파로써 이상적이다. 그러나 회로 동작이 고주파가 되어 상승/하강 지연이 커지면 ON/OFF 과도기(그림의 아래쪽에 있는 화살표)에 NMOS 와 PMOS가 동시에 ON이 되는 시간이 생길 가능성이 있어 V_{DD}에서 V_{SS}로의 누설 전류가 발생하게 된다.

따라서 CMOS에서도 저소비 전력을 유지하기 위해서는 공정 (문턱전압의 제어)이나 회로 방식 (대기(슬립; sleep) 상태 또는 차단 상태의 회로 영역 설정, 동작 주파수 상승에 대응한 멀티 코어화) 등에 대한 대책이 필수적이다.

IC, LSI는 바이폴라 트랜지스터에서 PMOS,
NMOS를 거쳐 CMOS 시대로

CMOS는 저소비 전력 · 고속 동작, 내잡음성 등 IC, LSI에 최적

트랜지스터는 1948년에 미국 벨연구소에서 실용화되었다. 첫 번째 트랜지스터는 2개의 바늘을 게르마늄(Ge) 단결정에 가깝게 접촉시킨 점 접촉형 트랜지스터이다. 그리고 1950년대~1960년대 초까지 게르마늄의 바이폴라 트랜지스터가 주류가 되었다. 그 후 세계 최초의 트랜지스터 (게르마늄) 계산기가 1964년에 개발되었다.

그러나 게르마늄 트랜지스터의 동작은 고온에 약하기 때문에 1965년경부터 150℃ 정도까지 동작하는 실리콘(Si)으로 대체되었다. 1966년에는 바이폴라 트랜지스터 (Si) 집적회로(100~1,000 개)를 이용한 계산기가 개발되었다. 1970년대 미국 텍사스 · 인스트루먼트가 실리콘 바이폴라 트랜지스터에 의한 디지털 IC, TTL(Transistor-Transistor Logic)을 제조하여 일세대를 풍미하였다.

그리고 1970년에 세계 최초로 미국 인텔사가 4비트의 마이크로프로세서와 1K비트의 메모리를 MOS 트랜지스터로 제작 발표하였다. 진정한 의미로 집적회로의 시대에 돌입해 나간 것이다. 이 시대부터 이미 디지털 IC는 CMOS가 최상의 솔루션임을 알도 있었다. 130페이지에서 설명한 것처럼 CMOS는 디지털 신호가 "1"과 "0"에서 누설 전류가 발생하지 않기 때문이다. 그러나 당시는 생산할 수 없어 처음에는 P채널 MOS 전계효과 트랜지스터 (PMOS)로부터 시작하였으며, NMOS는 PMOS보다 전기 전도의 이동 속도가 크고 고속 동작 (약 3배)에서 유리하다는 것을 알게 되었다. 그러나, 게이트 부분의 실리콘 산화막 계면의 물리적 · 전기적 안정성 문제가 있었기 때문에 생산은 할 수 없었다.

그 후 반도체 제조장치의 개량 등에 의하여 이러한 문제도 해결되었다. 점차 IC의 생산은 PMOS에서 NMOS로 대체되었다. 그러나, NMOS 공정으로도 소비 전력 증대에 의한 열 발생으로 냉각이 필요하게 되는 등의 문제도 있어, 트랜지스터 집적도는 100,000개가 한도로 되어 있었다.

이러한 반도체의 수많은 개량이라는 역사를 거쳐 1980~1985년경부터 NMOS와 PMOS를 동일 반도체 기판(실리콘웨이퍼)에 탑재한 CMOS 공정이 개발되어 현재 집적도가 수억 개 이상의 IC, LSI의 본격적인 제조가 시작되었다. 이것이 IC, LSI가 바이폴라 트랜지스터, PMOS, NMOS 그리고 CMOS로의 시대로 변천된 흐름이다.

MEMO

4장

용어집

반도체 초보자가 알아야 할 용어

1~3장의 반도체 동작 원리에서 나오는 용어에 대한 간결한 설명과 각각의 관련성을 이해할 수 있는 용어들로 구성되어 있다. 또한, 그 밖에도 현재 반도체 산업에서 자주 사용하고 있는 최신 업계 용어에 대해서도 설명한다.

3DNAND 플래시 메모리

플래시 메모리(NAND형)는 해마다 고밀도 대용량화를 구현해 왔지만, 미세화에 의한 추가 용량 증가는 어려워지고 있었다. 따라서, 종래의 평면상에 플래시 메모리 소자를 늘어놓은 NAND 구조(평면형)가 아니라, 실리콘 평면으로부터 수직 방향(입체형)으로 플래시 메모리 소자를 적층한 3차원 구조를 고안하여, 단위 면적당 메모리 용량을 크게 증가시킬 수 있었다. 그것이 2007년에 도시바가 발표한 BiCS(Bit CostScalable)라고 불리우는 적층 입체형 구조 의 3DNAND 플래시 메모리이다. 주요 메이커는 한국 삼성전자, 일본 키옥시아(구 도시바메 모리), 한국 SK하이닉스, 미국 마이크론 등이다.

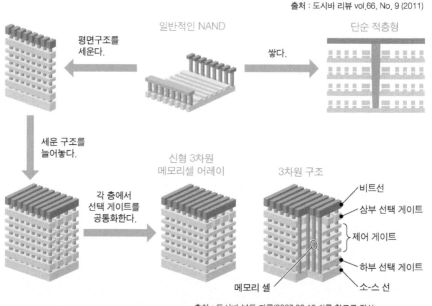

기존의 평면형 NAND
플래시 메모리를 그대로 겹쳐 가는 단순 적층 메모리에서는 1층당 제조 단가가 높아 적층 수를 늘려도 비용 은 내려가지 않는다. 반면에 3DNAND 플래시 (BiCS)에서는 제품의 층수가 증가하면 지속적인 비용 절감이 가능하다.

출처 : 도시바 리뷰 vol.66, No. 9 (2011)

일반적인 NAND · · · 단순 적층형

평면구조를 세운다. · · · 쌓다.

세운 구조를 늘어놓다.

신형 3차원 메모리셀 어레이 · · · 3차원 구조

각 층에서 선택 게이트를 공통화한다.

비트선
상부 선택 게이트
제어 게이트
하부 선택 게이트
소-스 선
메모리 셀

출처 : 도시바 보도 자료(2007.06.12-1)를 참고로 작성

▲ 고층 아파트와 같은 3DNAND 플레시 메모리

AD 컨버터
Analog Digital Converter

아날로그 신호를 디지털 신호로 변환하는 반도체 장치(아날로그·디지털 컨버터)이다. AD 컨버터는 마이크로 모아진 음성신호나 안테나로 수신한 전파 등의 아날로그 신호를 디지털 신호로 변환하는 전자회로로 구성되어 있다.

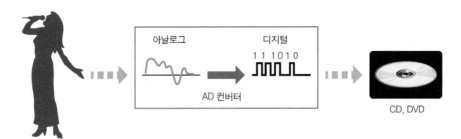

▲ AD 컨버터의 동작

ASIC
Application Specific Integrated Circuit

응용 분야를 좁힌 특정용도 기능의 LSI의 총칭이다. 사용자에 필요한 기능을 조합하여 설계한 디지털 가전제품, 휴대 전화 등의 민생·산업용 LSI이다.

CMOS ➜ 130 페이지
Complementary MOS

CMOS는 NMOSFET와 PMOSFET를 한 쌍으로 사용하고 NMOSFET와 PMOSFET의 동작 특성을 상보적(Complementary)으로 결합한 회로이다. 소비 전력이 적고 고속 동작이 가능하기 때문에 현재 대부분의 IC, LSI에 사용되고 있다.

CMOS 이미지 센서
CMOS image sensor

디지털 카메라나 스마트폰에 탑재되어 있는 카메라의 눈에 해당하는 부분이 CMOS 이미지 센서이다. CMOS 이미지 센서(➜ 157페이지)의 특성 성능은 저전압 · 저소비 전력, 읽기/전송 속도의 고속화 등이 있다. 구조는 IC, LSI에 탑재된 CMOS 트랜지스터(CMOSFET)와 동일 하므로 트랜지스터 소자 부분에 광다이오드(➜ 183페이지)와 증폭회로를 조합하여 광센서로 구성하고 촬상 처리에 필요한 연산회로도 원칩 반도체로 제작하는 시스템 LSI화를 할 수 있다는 것이 큰 장점이다. 픽셀 수가 큰 이미지 센서가 개발되어 2억 화소를 넘는 제품도 발표되고 있다.

SONY CMOS 이미지 센서 「MX661」
(왼쪽 : 컬러 제품, 오른쪽 : 흑백 제품)
유효 1억 2,768만 화소, 대각선 56.73mm

▲ CMOS 이미지 센서(제공: Sony Semiconductor Solutions Corporation)

CMOS 인버터 ➜ 133 페이지

CMOS로 구성된 인버터. 누설 전류가 없고 소비 전력이 적은 것이 특징이다.

CMP → 186 페이지

Chemical Mechanical Polishing

반도체 미세화 · 다층 배선화에 반드시 필요한 웨이퍼 표면의 평탄화 기술

CPU

Central Processing Unit

CPU는 컴퓨터의 두뇌 역할을 하는 프로세서로, 연산처리 · 제어처리만을 전문으로 하고 있으며, 「중앙연산처리장치」라고도 한다. 따라서 CPU만으로는 어떠한 컴퓨터 기능도 하지 못하며 메모리나 입출력 인터페이스와 함께 인간의 두뇌 기능을 한다. CPU 성능은 동작 주파수(클락 주파수), 원칩에 탑재되어 있는 코어 수(멀티 코어 수) 등에 크게 의존한다.

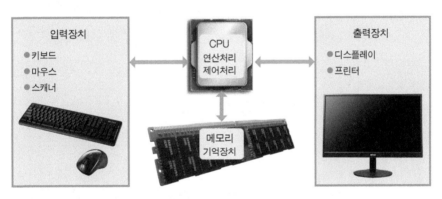

▲ CPU 측에서 본 컴퓨터의 기본 구성

DA 컨버터

Digital Analog Converter

디지털 신호를 아날로그 신호로 변환하는 반도체 장치(디지털 · 아날로그 신호 변환기)이다. DA 컨버터는 DVD 등에 기록된 디지털 신호를 아날로그 신호로 변환하는 전자회로로 구성되어 있다.

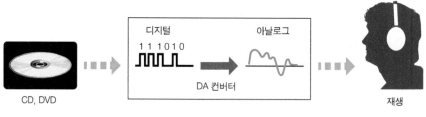

▲ DA 컨버터의 동작

DRAM
Dynamic Random Access Memory

DRAM은 컴퓨터의 메인 메모리(주기억 장치)로서 가장 범용적이고 대량으로 사용하고 있는 반도체 메모리이다. 전기적으로 메모리 쓰기 · 지우기를 빠르게 반복할 수 있다. DRAM의 메모리셀은 MOS 트랜지스터 1개와 커패시터 1개로 구성된다. 콘덴서는 전하를 축적하는 기능이 있어 콘덴서에 전하가 있을 때를 디지털 데이터의 "1", 없는 때를 "0"으로 하여 기억 · 유지한다. MOS 트랜지스터는 커패시터 전하를 저장하고 읽는 스위치 (ON 및 OFF)의 역할을 한다.

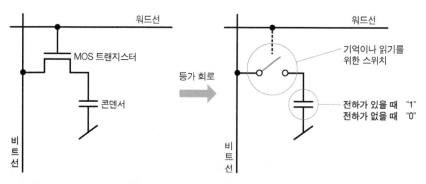

워드 라인 : 메모리 셀 어레이 중에서 하나의 행을 선택하기 위한 제어 신호 라인.
비트 라인 : 메모리 셀 어레이 중에서 하나의 열을 선택하기 위한 제어 신호 라인.

▲ DRAM 메모리의 구성

EUVL
Extreme Ultraviolet Lithography

EUV(극자외선 : 13.5nm)를 광원으로 사용한 노광 장치에 의한 리소그래피 기술이다. EUV 노광 장치는 광원 램프의 출력·수명, EUV 반사 마스크, 레지스트 등의 문제가 있었지만 최근에 이러한 문제도 해결되어 2021년경부터 설계 규칙 7nm 이하의 공정에 본격 양산이 개시되었다. EUV 광은 광학 렌즈와 포토마스크(SiO_2)에 흡수되어 광 강도 감소 및 열 변형을 일으키기 때문에 사용할 수 없었다. 따라서 EUV 노광 장치에는 진공 환경에서의 전반사 광학계(반사 마스크 + 반사 거울)가 필요하다. 노광장치 가격은 i선 노광장치가 약 40억원, KrF노광장치가 약 130억원, ArF 건식 노광장치가 약 200억원, ArF액침 노광장치가 약 600억원 그리고 EUVL 노광 장치는 약 2000억원 정도이다. 차기 신기종 (2025년 투입)은 3500억원이 예상되고 있다.

GaN → 160 페이지
Gallium Nitride

갈륨나이트라이드(질화 갈륨)

GPU
Graphics Processing Unit

GPU는 화상용 연산 처리를 하는 프로세서로써 CPU 프로세서를 화상 처리에 특화시킨 것이다. CPU가 PC 등의 두뇌라고 하면 GPU는 화상 처리 전용의 두뇌라고 할 수 있다. 화상 처리 중에서도 특히 3D 그래픽 그리기에 필요한 연산 처리 능력이 우수하다. 코어 수라는 관점에서 보면, GPU 프로세서는 1개의 칩에 CPU와 비교해서 많게는 수천 개의 특정 코어를 탑재하고 있다. CPU가 우수한 두뇌만으로 복잡한 일을 해내고 있는 것에 비해, GPU는 두뇌는 별로지만 전문 분야에만 특화한 기능에 다수의 두뇌가 모여 대량의 처리를 신속하게 처리하고 있다.

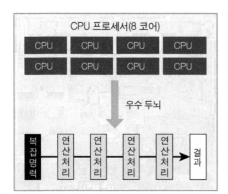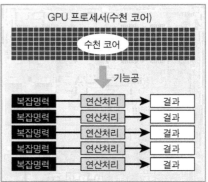

출처(참고) : KAGOYA JAPAN Inc. 홈페이지

▲ CPU와 GPU의 연산방법 차이

	CPU 프로세서	GPU 프로세서
주요 기능	컴퓨터 총괄 및 연산처리	화상용 연산처리 (3D 그래픽스)
우수한 연산처리	연속적인 연산처리	병렬 연산처리
코어 수	4~8 개(CPU 코어)	수천 개(특정 코어)
연산속도 비교	화상 처리 등에 있어서 GPU는 CPU의 수배~100배 이상의 계산 속도도 가능	

출처(참고) : KAGOYA JAPAN Inc. 홈페이지

▲ CPU와 GPU의 역할과 성능 비교

IC, LSI ➜ 16 페이지
Integrated Circuit, Large Scale Integration

다수의 반도체 소자(➜ 180페이지)를 탑재한 전자부품으로써 집적회로라 한다. IC를 더욱 대규모로 한 것이 LSI. 현재 LSI는 규모에 관계없이 동일한 의미로 사용된다.

IC/LSI 테스트시스템

전공정이 완료된 실리콘 웨이퍼에 IC/LSI 테스터로부터 테스트 전기 신호를 인가하고 출력 신호를 기대 값과 비교하여 설계대로 동작하고 있는지를 검사하여 GO/NG를 판정한다. 오토 프로브, 웨이퍼탐침을 위한 프로브 카드와 병용하여 시스템을 구성한다.

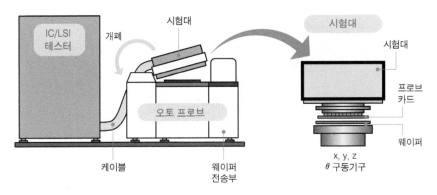

▲ 웨이퍼 검사를 위한 테스트시스템 구성

IGBT
Insulated Gate Bipolar Transistor

IGBT는 명칭에서 알 수 있듯이 절연 게이트 바이폴라 트랜지스터이다. 컬렉터 측에 PN 접합을 부가하고, 그 PN 접합으로부터 정공을 주입하여 전류 밀도를 증가시켜 온(ON) 저항을 낮추는 구조이다. 이 구조에 의해 MOSFET가 내압을 올리면 온저항이 급격히 증가하는 문제를 해결하였다. MOSFET가 조명기기 등의 저전압 용도로 사용한다면 IGBT는 주로 고전압 대전류 용도인 전동기 제어 분야(에어컨, IH 밥솥, 공작기계, 전력기기, 자동차, 전철)의 용도로 사용한다.

IoT → 34 페이지
Internet of Things

IoT(Internet of Things)란 「사물 인터넷」으로 디지털화가 급격히 발전하는 지금, 인터넷에 연결되어 있지 않았던 다양한 물건, 예를 들어 센서(온도, 습도, 압력, 이미지 등)와 주택(가전 제품, 전자 기기), 공장 (제조, 재고 관리), 의료 (감시, 간호), 자동차 (자동 운전, 운전자 보호) 등을 인터넷 (클라우드 서버)에 접속하여 상호 정보 교환을 하는 구조이다. 이를 통해 종래는 묻혀 있던 중요한 데이터을 처리, 변환, 분석, 연계하고 활용하여 높은 가치와 서비스를 실현시키고 있다.

▲ 인터넷에 의하여 여러 가지가 연결되어 있는 구조

MEMS
Micro Electro Mechanical Systems

반도체 제조 기술을 응용하여 제조한 미세 부품으로 이루어진 미소 전기 기계 시스템(미소 기능 소자)을 말한다. MEMS의 실제 가공 방법은 실리콘 웨이퍼 위에 트랜지스터를 형성하는 대신 웨이퍼를 깎아 (에칭) 기계적인 형상을 만들어 간다. 즉, 일반 기계가공에서의 밀링 머신, 드릴링 머신에서 하고 있는 일을 웨이퍼 상에서 나노단위로 가공해 가는 작업이다. 예를 들어 스마트폰에 탑재되어 있는 MEMS(약 20개)에는 마이크로폰, 온도 센서, 습도 센서를 비롯해 3축 가속도 센서, 3축 자이로(Gyro) 센서, 3축 전자 나침반, 압력 센서 등이 있다.

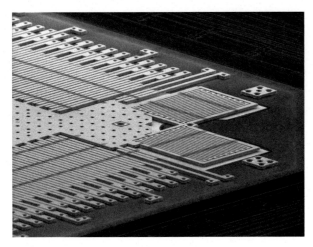

▲ MEMS에 의한 가속도 센서

MOSFET ➜ 118 페이지
MOS Field Effect Transistor

MOS 전계효과 트랜지스터

MOS 전계효과 트랜지스터 ➜ 118 페이지
MOS Field Effect Transistor

MOS 전계효과 트랜지스터는 MOS(Metal–Oxide–Semiconductor)의 명칭대로 금속(게이트)–산화막–반도체로 구성된 구조이다. 바이폴라 트랜지스터가 전류 제어에 의해 동작하는 반면 MOS형은 전압 제어(전계 제어)에 의해 동작하므로 전계효과 형이라고 불리 운다. MOS 전계효과 트랜지스터 (MOSFET)에는 N채널 MOSFET (NMOS)와 P채널 MOSFET (PMOS)가 있다.

MPU
Micro Processor Unit

마이크로프로세서와 동일 (➜ 188 페이지)

NMOS 인버터 ➔ 136 페이지

NMOS로 구성된 인버터. 동작 시가 아니어도 누설 전류가 있어 소비 전력이 크다.

NPN 트랜지스터 ➔ 112 페이지

바이폴라 트랜지스터. NPN의 접합 구조를 가진 3단자의 반도체 소자이다.

N채널 MOSFET (NMOS)

N채널 MOSFET의 동작은 게이트에 (+) 전압을 인가하여 드레인과 소−스의 2개 전극 사이의 채널 영역에 전자를 유도하여 전류 경로를 만들어 ON 상태로 한다. 형성된 전류 경로의 채널이 N형 반도체 층이기 때문에 N채널 MOSFET라고 한다.

N형 반도체

전자가 전기 전도에 기여하는 형태의 반도체를 N형 반도체라고 한다. 단, 상온의 N형 반도체에도 약간의 정공이 존재하며 이들을 소수 캐리어(➔ 166페이지)라고 부른다. N형 반도체의 경우 다수 캐리어(➔ 171페이지)가 전자이고 소수 캐리어가 정공이다. N형 반도체의 전기 전도에 기여하는 전자의 이동 속도가 정공에 비해 3배(IC로 제작하였을 경우 동작 속도가 3배가 된다)이다. 이것이 N형 반도체가 P형 반도체보다 성능이 우수한 이유이다.

PMOS 인버터 ➔ 136 페이지

PMOS로 구성된 인버터. 동작 시가 아니어도 누설 전류가 있어 소비 전력이 크다.

PNP 트랜지스터 → 113 페이지

바이폴라 트랜지스터. PNP의 접합 구조를 가진 3단자의 반도체 소자이다.

P채널 MOSFET (PMOS)

P채널 MOSFET의 동작은 게이트에 (−) 전압을 걸어 드레인~소-스의 2개 전극 사이의 채널 영역에 정공을 유도하여 전류 경로를 만들어 ON상태로 한다. 형성된 전류 경로의 채널이 P형 반도체 층이기 때문에 P채널 MOSFET라고 한다.

P형 반도체

정공이 전기 전도에 기여하는 형태의 반도체를 P형 반도체라고 한다. P형 반도체의 경우, 다수 캐리어(→ 171페이지)가 정공이고, 소수 캐리어(→ 166페이지)가 전자이다. P형 반도체의 전기 전도에 기여하는 정공의 이동 속도는 전자에 비해 1/3이다(IC로 제작하였을 경우 동작 속도는 1/3이 된다). 이것이 P형 반도체가 N형 반도체보다 성능이 떨어지는 이유이다.

RAM

Random Access Memory

컴퓨터나 PC의 CPU(중앙처리장치)와 기억장치(보조기억장치) 간에, 데이터를 무작위(수시)로 기입해 읽어낼 수 있는 메인 메모리(주기억장치)로서 이용한다. RAM은 DRAM(146페이지)과 SRAM(154페이지)으로 나뉜다.

SD 카드

SD카드는 플래시 메모리(→ 185페이지)를 바이트 단위로 실장한 메모리 카드이다. 디지털 카메라, 스마트폰 등의 휴대기기나 TV 등의 가전기기까지 폭넓게 이용되고 있다. 3DNAND 플래시 메모리(→ 142페이지)의 개발에 의해 대용량화가 가능해져 1TB(테라바이트), 2TB의 제품도 구현하고 있다.

SiC → 167 페이지
Silicon carbide

실리콘 카바이드 (탄화 규소)와 동일.

SOC
System On a Chip

시스템 LSI (→ 165 페이지)의 또 다른 별칭이다. 전자 장치 시스템을 하나의 칩에 결합한 LSI이다.

SRAM
Static Random Access Memory

SRAM은 데이터의 읽기/쓰기 속도가 빠르고 소비 전력도 작은 특징이 있어 주로 사용 빈도가 높은 데이터를 축적해 두는 캐시 메모리(→ 161페이지)로 이용한다. 그러나 DRAM에 비해 집적도가 떨어지는 것이 단점이다. 따라서 일반 CPU에서는 범용적으로 DRAM이, 고속성이 필요한 부분에 SRAM을 사용한다.

SSD
Solid State Drive

반도체 소자인 NAND 플래시 메모리(→ 185 페이지)에 데이터를 기록한다. HDD(Hard Disk Drive)와 같이 가동 부분을 가진 자기 디스크가 없기 때문에 충격에도 강하고, 소비 전력, 사이즈도 작게 제작할 수 있다. SSD는 반도체 소자에 전기적으로 데이터를 기록, 판독하기 때문에 고속으로 읽고 쓸 수 있다. HDD를 가진 PC와 비교하여 고속 처리를 실현하고 3DNAND 플래시 메모리를 탑재하여 대용량 200TB(테라바이트) 제품도 실현 가능하게 되었다.

USB
Universal Serial Bus

유니버셜 · 시리얼 · 버스의 이니셜로써 PC에 주변기기를 접속하기 위한 규격의 하나이다.

억셉터 ➜ 82 페이지
Acceptor

진성반도체에 불순물(붕소)을 첨가하면 P형 반도체가 된다. 이 불순물을 가전자대에서 전자를 받아들인다는 의미에서 억셉터라고 한다. 반대로 생각하면, 가전자대에 정공을 공급하고 있다고 생각할 수도 있다.

아날로그 IC

아날로그 양은 소리의 크기, 밝기, 길이, 온도, 시간 등과 같이 시간이 끊어지지 않는 (연속) 인간이 자연스럽게 취급하는 정보이다. 아날로그 양을 취급하는 아날로그 IC는 원 데이터를 충실히 증폭하는 것이 필요한 TV 방송에서 수신 시 미약 전파의 증폭 회로, 센서로 부터의 미소 신호를 검지하는 센서회로, 그리고 전원 회로, 모터 등의 동력 구동 · 제어 회로 등에 이용하고 있다.

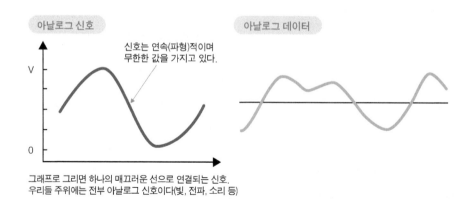

▲ 아날로그 신호, 아날로그 데이터

이온 주입 장치

실리콘 웨이퍼에서 불순물 확산 공정은 표면의 일부 영역에 붕소, 인 등의 불순물을 첨가하고, 그 후 불순물을 열확산/어닐링에 의해 원하는 깊이까지 재분포시켜 P형이나 N형 반도체 영역을 만든다. 불순물 첨가에 사용하는 것이 이온 주입 장치이다. 이온 주입은 인, 비소, 붕소 등의 불순물 가스를 진공 중에서 이온화하여 고전압으로 전계 가속하여 웨이퍼 표면에 주입한다.

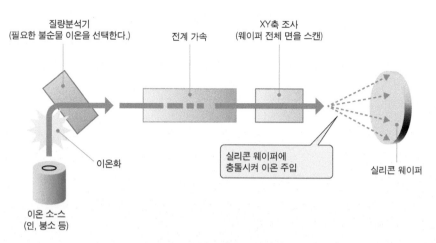

▲ 이온 주입 장치의 개념

이미지 센서
Image sensor

기본적인 원리는 사람의 눈 망막과 동일하며 피사체를 렌즈를 통해 결상시키고 그것을 다량의 광다이오드(→ 183페이지)에 의해 빛의 명암으로 된 전기신호로 변환하여 화상으로 출력한다. 이미지센서는 빛을 전기신호 출력으로 변환할 때까지의 검출 방식의 차이로 CCD형과 CMOS형으로 분류할 수 있다. 전기적으로는 모두 같은 방식으로 광다이오드를 사용하여 빛(이미지) 신호를 전기신호로 변환하는 반도체 소자이지만, 현재 스마트폰, 디지털카메라 등 대부분이 CMOS 이미지센서(144페이지)를 사용하고 있다.

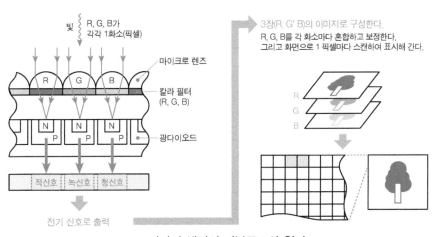

▲ 이미지 센서의 기본구조와 원리

인버터
Inverter

인버터 (→ 133 페이지)는 디지털 IC에서 사용하는 입력 신호를 반전하는 논리회로 (반전 회로, NOT 회로)로 가장 기본적인 것이다. 덧붙여 가전 업계에서 말하는 인버터는 에어컨 등에 장착되어 있는 직류 또는 교류로부터 주파수가 다른 교류를 발생시키는 전원 변환 장치이다.

식각
Etching

약품이나 이온의 화학반응(부식 작용)을 사용하여 형성된 박막의 형상을 화학부식, 식각가공하는 공정이다.

식각 장치

식각은 약품이나 이온의 화학반응(부식작용)을 사용하여 노광공정을 거쳐 불필요한 레지스트를 제거한 후, 실리콘 웨이퍼에 형성된 박막을 액체나 반응 가스를 사용하여 화학 부식하고 식각 가공하는 장치이다. 식각 방법에는 가격이 싸고 생산성이 높은 습식 식각(wet etching; 액체로 산화막이나 실리콘의 부식을 실시한다)과 가격은 약간 높지만 미세 가공이 가능한 건식 식각(dry etching) 두 개의 종류가 있다.

에너지 대역 구조 ➡ 65 페이지
Energy band structure

에너지 대역 구조란 물질(특히 결정)의 전자 에너지 상태를 도식적으로 나타낸 것으로써 전자가 자유롭게 이동할 수 있는 전도대(➡ 175 페이지), 완전하게 전자로 점유되고 있지만 모든 전자가 묶여 이동할 수 없는 가전자대(➡ 160페이지), 전도대와 가전자대 사이에 전자가 존재할 수 없는 금지대(➡ 162페이지)라는 3개의 대역(띠 모양)으로 나타낸다.

이미터

바이폴라 트랜지스터는 NPN형, PNP형 모두 베이스, 컬렉터, 이미터의 3단자가 있다. 트랜지스터 개발 초기의 점 접촉형 트랜지스터 구조로부터 3단자명이 붙여져 있다. 이미터는 전자의 방출(Emitting) 단자가 된다.

전자 ➡ 174 페이지
Electron

일렉트론이라고도 한다.

확산전위 ➡ 99 페이지
Diffusion potential

공핍층은 P형 반도체와 N형 반도체의 에너지 경계 영역이므로, 에너지 준위는 경사져 있어 양 반도체 사이에 전위 장벽(➡ 173페이지)을 형성한다. 이 경우 확산에 의해 생긴 전위 장벽이 확산전위이다.

화합물 반도체
Compound semiconductor

실리콘 반도체는 실리콘 단원소로 이루어져 있지만, 화합물 반도체는 2원소 이상으로 이루어져 있다. 대표적인 반도체 소자로는 고주파 소자, 광반도체로서 사용하고 있는 GaAs(갈륨비소)가 있다. 현재 주목 받고 있는 것이 차세대 전력 반도체로 기대되고 있는 고내압·고전력 실리콘 카바이드(➡ 167페이지), 갈륨나이트라이드 (➡ 160페이지)이다.

가전자 ➡ 54 페이지
Valence electron

전자궤도의 최외각에 있는 전자로 원자 간의 결합에 중요한 역할을 하고 있다. 내각전자는 원자의 결합이나 전도에 거의 기여하지 않는다.

가전자대 ➔ 64 페이지
Valence band

실리콘 원자의 최외각 전자 궤도에 있는 전자가 존재하는 대역이다. 에너지 대역 구조의 가전자대에는 많은 전자가 있어 서로 움직이지 못할 정도로 꽉 차 있다.
따라서, 이러한 전자들은 전기 전도에 기여하지 못한다.

갈륨나이트라이드 (GaN)
Gallium nitride

GaN 반도체는 SiC 반도체와 같은 물리적 특성을 가진 전력 반도체이다. 특히 고주파 특성이 뛰어나 5G 통신 기지국용의 전력 소자로서 기대되고 있다.

감광제도포 · 현상장치

반도체 제조에는 사진 인쇄 기술의 원리를 사용한다. 실리콘 웨이퍼에 포토마스크 회로 패턴을 노출 · 전사하기 전에 감광제 (레지스트 또는 포토레지스라고 함)를 도포한다. 그리고 노광 후에 레지스트의 감광된 부분을 현상하여 용액으로 녹인다. 감광제 도포와 현상을 실시할 수 있는 장치는 코터(coater) · 디벨로퍼(developer)라고 부르고 있다.

기능 블럭

IC, LSI 설계에서는 화상 처리, 메모리, CPU, 입출력 회로 등의 전용 회로 기능을 하나의 기능 팩으로 정리하여 라이브러리화해 두고 그것을 조합하고 사용하여 시스템을 LSI화 한다.

역방향 전압 ➔ 103 페이지

다이오드에 전류가 흐르지 않는 방향(역방향)의 전압을 가하는 방법으로 P형 반도체에 (−)전압, N형 반도체에 (+)전압을 인가하는 것이다.

역방향 바이어스

역방향 전압(➜ 160 페이지)과 동일

캐시 메모리
Cache memory

캐시 메모리에는 고속 동작의 SRAM을 사용하여 CPU와 메인 메모리(DRAM) 사이에 배치해, 자주 사용하는 데이터를 복사해 둔다. 따라서 CPU에서 순차적으로 메모리(DRAM)에 액세스하는 것보다 손쉬운 캐시 메모리를 사용하여 컴퓨터의 작동 속도를 가속화 할 수 있다.

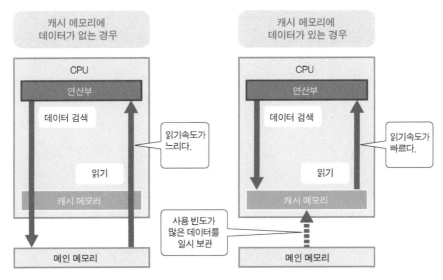

▲ 캐시 메모리에 의한 데이터 읽기의 고속화

캐리어 ➡ 75 페이지
Carrier

전기 전도에 기여하는 전자(자유전자)나 P형 반도체에서의 정공에 대하여 전하를 운반하는 담당자라는 의미에서 캐리어라고 부른다. 즉, 캐리어는 전류의 원천이 되는 전하를 가진 입자(전자, 정공)이다.

공유결합
Covalent bond

두 원자가 서로의 가전자를 서로 공유할 수 있는 결합이다. 대부분의 분자는 공유결합에 의해 형성되며 매우 강한 결합력을 가지고 있다.

금지대 ➡ 64 페이지
Forbidden band

에너지 대역 구조 중 전도대와 가전자대 사이의 전자가 존재할 수 없는 에너지 대역이다. 이 대역폭(금지대폭)을 밴드갭(band gap)이라고도 한다.

공핍층 ➡ 97 페이지
Depletion layer

N형 반도체와 P형 반도체를 접합시키면 음전하를 가진 전자와 양전하를 가진 정공은 서로 끌어당겨 접합의 경계 부근에서 결합하여 소멸한다. 이와 같이 캐리어가 거의 없는 영역을 공핍층 이라고 한다.

클린룸(청정실)
Clean room

반도체 공장에는 매우 청정한 환경이 필요하며, 먼지나 오염으로부터 지켜진 클린룸(Clean Room)를 만들어 그 내부에서 반도체 제조를 실시한다. 반도체 공장의 클린룸 환경은 $0.1 \sim 0.5 \mu m$정도의 먼지나 세균 등을 대상으로 하고 온도, 습도를 일정하게 유지한 공간이 필요하다.

따라서 클린룸의 청결도를 나타내기 위해 청정도 클래스 (1 입방 피트 안에 0.1μm의 입자가 어느 정도인지 나타내는)를 사용하고 있다. 예를 들어, 클래스 1은 1 입방 피트에 0.1μm 입자가 하나 있음을 의미한다(FED-STD-209D 규격). 1 피트 = 0.3048m, 1 입방 피트 = 28.3l 이므로 클래스 1의 청정도를 알기 쉽게 비유하면 도시 지하철 선내에 은단이 1개 있는 경우와 동일하다. 반도체 공장에서는 클래스 1 ~ 100의 청정도가 요구되고 있다.

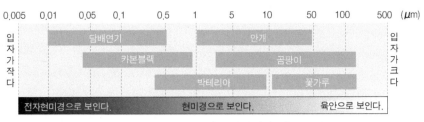

▲ 먼지가 되는 미립자의 크기

계측검사 시스템

반도체 제조 공정(웨이퍼 공정의 전공정)에서는 각 공정종료 후에 필요에 따라 전수 혹은 선택적으로 다음 공정으로의 진행을 확인하기 위한 계측검사를 실시한다. 이상이 발견되면 즉시 제조 공장에 피드백 하여 문제점을 개선한다. 불량품에 대해서는 파기하는 경우도 있다. 주사전자현미경에 의한 치수 측정은 샘플링으로 웨이퍼 상의 특정 위치의 회로패턴의 선폭이나 구멍의 지름 등에 실시한다. 웨이퍼 결함 검사장치 에서는 웨이퍼 상의 이물이나 패턴 결함을 검출하고 그 결함의 위치 좌표(X, Y)를 구하여 원인을 분석해 나간다.

게이트

Gate

MOSFET는 게이트, 소-스, 드레인 3단자로 구성되어 있다. 게이트는 MOSFET의 ON과 OFF를 제어하는 단자이다.

게이트 절연막
Gate insulator

MOSFET의 Metal-Oxide-Semiconductor 구조에서 금속(게이트 금속)과 Semiconductor (반도체 기판) 사이에 끼워진 부분에 존재하는 절연성이 높은 실리콘 산화막(SiO_2)이다. 매우 얇고 양질이 요구된다.

원자핵 ➜ 64 페이지
Atomic nucleus

양성자와 중성자로 구성되며 원자의 중심 부분에 위치한다. 원자는 원자핵과 전자로 구성되어 원자핵 중의 양자수가 원자번호가 된다.

개별 전자부품 ➜ 16 페이지

저항, 커패시터, 다이오드, 트랜지스터 등. 그러나 실리콘 웨이퍼 상에는 수동 부품의 저항, 커패시터도 반도체 소자로서 일괄 탑재하고 있다.

개별 반도체 ➜ 31 페이지
Discrete seniconductor

다이오드, 트랜지스터 등의 반도체 소자에 의한 개별 전자부품이다. 저항과 콘덴서가 전기 저항, 전기의 축적 등의 수동 부품인데 반해 트랜지스터, 다이오드는 전압·전류 제어, 광전기 에너지 변환, 전기광 에너지 변환 등 능동 부품으로 동작한다.

컬렉터

바이폴라 트랜지스터는 NPN형, PNP형 모두 각각 베이스, 컬렉터, 이미터의 3단자가 있다.

트랜지스터 개발 초기의 점 접촉형 트랜지스터 구조에서 3단자 명이 붙여졌다. 컬렉터는
전자 수집(Collect) 단자이며 출력 전류 단자이다.

콘덴서
Capacitor

전기를 저장하거나 방출하고 또한 직류가 흐르지 못하게 절연하는 동작을 수행하는 전자부
품(수동 전자 부품). 전자회로에서의 잡음제거 기능이 뛰어나 스마트폰 등에 칩 부품으로 많
이 탑재되어 있다.

시스템 LSI → 25 페이지
System LSI

전자기기 시스템에 필요한 기능을 하나의 칩에 정리한 시스템 지원 기능을 가진 LSI이다.
디지털 전기 제품의 고기능화, 저소비전력화 및 단가 절감에 크게 기여하고 있다. 시스템을
원칩으로 제작한 것으로 SOC(→ 154 페이지)라고도 불린다.

차량용 반도체

자동차에 탑재하는 반도체, 즉 차량 탑재 반도체 시장은 급증하고 있다. 자동차에는 종래부
터 사용하고 있던 전자적인 엔진 제어와 더불어 파워 스티어링/브레이크 제어, 트랜스미션,
사고 방지용 에어백 제어 등의 CPU(소위 차량용 마이콤)가 다수 탑재되어 있다. 또한 안전
운전이나 고성능화를 위하여 인식 가능한 이미지 센서(카메라), 가속도 센서, 자기 센서, 밀리
미터파 레이더 등도 다수 탑재되어 있다. 향후 자동차 전동화(HV, EV)에서의 전력 반도체(→
179 페이지), 자율주행에서의 차량 전용 프로세서, 메모리, 통신용 반도체 등 1대에 필요한
반도체는 급격히 증가할 것이다. 특히 EV용 전력 반도체의 시장 확대가 기대되고 있다.

집적회로 ➔ 148 페이지
Integrated Circuit

실리콘 웨이퍼(반도체 기판) 위에 트랜지스터, 다이오드, 저항, 콘덴서 등의 반도체 소자 (➔ 176페이지)를 탑재한 전자부품. IC, LSI.

자유전자 ➔ 39 페이지, 42 페이지
Free electron

보통 전자는 원자핵에 구속되어 물질 내를 자유롭게 이동할 수 없다. 반대로 자유전자는 물질 내에서 자유롭게 이동할 수 있다. 전류의 근원이 되는 전자는 전자 중에서도 이동할 수 있는 자유전자이다. 금속처럼 전기를 잘 흐르는 물질에는 자유전자가 가득 있고, 플라스틱처럼 전기가 흐르지 않는 절연체에는 자유전자가 없다.

순방향 전압 ➔ 100 페이지
Forward voltage (Forward bias)

다이오드에 전류가 흐르는 방향(순방향)으로 전압을 가하는 방법으로, P형 반도체에 (+) 전압, N형 반도체에 (−) 전압을 인가하는 것이다.

순방향 바이어스

순방향 전압(➔ 166 페이지)과 동일

소수 캐리어 ➔ 85 페이지
Minority carrier

반도체의 캐리어(반도체 중에서 전류의 근원이 되는 전하를 운반하는 담당자)로, N형 반도체에서는 정공이, P형 반도체에서는 전자가 소수 캐리어가 된다. 소수 캐리어는 불순물을 첨가하기 이전의 진성반도체가 보유하고 있던 전자, 정공이다 (진성반도체는 전자와 정공이 동일한 수이며 N형 반도체도 P형 반도체도 아니다).

실리콘 → 16 페이지
Silicon

반도체 소자의 재료로 가장 많이 사용되는 물질(재료)이다. 실리콘은 지구상에 두 번째로 많이 존재하는 원소로 규소라고도 하며 원소 기호는 Si로 나타낸다.

실리콘 웨이퍼 → 19 페이지

반도체 부품(개별 반도체 소자 및 집적 회로) 제작의 회로기판으로 사용되는 재료이다.

실리콘카바이드 (SiC)
Silicon carbide

SiC 반도체는 실리콘 반도체와 비교하여 에너지 대역폭이 3배 (누설이 발생하기 어렵고 고온 동작이 가능하며 드레인, 소스 간의 전류 통로를 얇게 할 수 있으므로 ON 저항 감소에 의한 저손실화 가능), 절연파괴전압이 10배(고전압화), 고주파동작 가능(인버터 등 고변환효율화), 열전도율이 3배(방열기 소형화) 등 전력 반도체로의 우수한 특성을 가지고 있다. SiC 전력 반도체는 동작상의 문제점도 아직 남아 있지만, 에어콘, 태양전지, 자동차, 철도 등 분야에서 사용이 시작되고 있다.

실리콘 칩 → 16 페이지
Silicon chip

실리콘 웨이퍼에서 잘라낸 실리콘 조각(실리콘 다이)으로 하나하나가 반도체 부품(개별 반도체, 집적 회로)이 된다.

진성반도체 ➡ 59 페이지
Intrinsic semiconductor

전혀 불순물을 포함하고 있지 않은 고순도의 반도체를 말한다.

수직 통합형 메이커 ➡ 31 페이지
Integrated Device Manufacturer

제품 기획, LSI 설계, 제조, 실장 조립 · 검사에서 판매까지를 일관되게 실시하는 제조설비 및 판매 체제를 갖춘 반도체 메이커이다.

스위칭 작용 ➡ 96 페이지

트랜지스터 등의 반도체 소자에서 입력 신호에 의해 출력 회로를 ON 또는 OFF하는 동작을 말한다.

스테퍼(stepper ; 축소 투영형 노광장치)

반도체 제조를 위한 축소투영형 노광장치이다. 기존의 노광장치가 웨이퍼 전면과 포토마스크 원판이 1대 1 대응한 패턴(포토마스크에는 눈금 위에 패턴이 배치되어 있음)을 웨이퍼 전면에 1회의 노광으로 전사하는 것에 비해, 스테퍼는 웨이퍼 전면에 포토마스크 원판을 축소 투영하면서 1 구획씩 반복 노광하여 전사한다. 이 방식을 스텝 & 리피트 기구라고 부르고 있어 스테퍼의 어원이 되고 있다. 스테퍼에 사용되는 포토마스크(레티클이라고 부르고 있다.)에는 통상 4배의 패턴이 그려져 있어 노광 시에 1/4로 축소되어 전사해 간다.

문턱 전압
Threshold voltage

MOSFET 채널 영역의 소스와 드레인 사이에 처음으로 전류가 흐르기 시작할 때 (MOSFET이 켜지면) 게이트 전압을 문턱 전압이라고 한다.

정공 ➜ 187 페이지

홀(hole)이라고도 한다.

막제조
Deposition (Film formation)

막제조는 반도체 제조 공정에서 반도체 소자의 형상이나 소재가 되는 절연막이나 금속 배선막 등의 박막을 형성하는 공정이다. 이러한 제조 장치에 대해서는 반도체 제조 장치 (➜ 32 페이지) 관련 서적을 참조하십시오.

절연체 ➜ 39 페이지
Insulator

유리나 고무, 플라스틱 등 전기를 거의 통과시키지 않는 물질. 그것의 본질은 자유전자 (➜ 166 페이지)가 매우 적다는 것이다.

세정장치

LSI 제조의 전공정인 웨이퍼 처리에서는 매우 청정한 환경이 필요하다. 배치식의 습식 스테이션이라고 하는 세정장치는 용액이 들어간 탱크나 순수한 물이 들어간 탱크가 늘어선 장치로써 이러한 탱크 중에서 다수의 웨이퍼 (통상은 50장)을 정리하여 세척한다. 생산성이 높고 1장당의 웨이퍼 처리 단가를 염가로 할 수 있다.

이에 대해 매엽식 세정장치는 고속회전하고 있는 웨이퍼에 용액이나 순수한 물을 노즐로부터 직접 분사하는 스프레이 방식이다. 반도체의 미세화나 웨이퍼 구경의 증대에 따른 웨이퍼 면 내에서의 균일성 부족에 의한 미세구조 손상 등의 문제를 해결할 수 있다. 반도체 공정에서는 비용과 목적에 맞게 배치식 세정과 매엽식 세정을 구분하여 사용한다.

상보형 MOSFET

CMOS(➜ 143 페이지)와 동일하다. PMOS와 NMOS의 양쪽 형태를 동일 기판 상에 구현한 것이 상보형 MOS로 현재의 LSI의 대부분은 CMOS 형태로 제조되고 있다.

소-스

MOSFET은 게이트, 소-스 및 드레인 3 단자로 구성된다. 소-스는 MOSFET가 ON일 때 전자의 공급원이 되는 단자이다.

태양 전지 패널
Solar panel

작동 원리는 광다이오드와 동일하다. 태양 전지는 광다이오드(183페이지)를 병렬로 다수 늘어놓은 것으로 생각해도 된다. 이 모듈을 다수 배치·제어하여 태양광으로부터 전력조절기(power conditioner)를 거쳐 전력(전압·전류)을 꺼낼 수 있도록 한 것이 태양광 패널이다.

다이오드 ➜ 95 페이지
Diode

트랜지스터와 함께 전자기기에 사용되는 중요한 반도체 소자. P형 반도체와 N형 반도체가 접합된 2극 구조로 한 방향으로만 전류가 흐르고 역방향으로는 전류가 흐르지 않는 특성을 가진다.

다이싱
Dicing (Die cutting)

웨이퍼를 LSI 칩의 치수에 맞추어 종횡으로 절단하여 1개 1개의 칩 조각(다이)으로 잘라 내는 공정

다이본딩
Die bonding

개별 칩 조각(다이)을 다이본딩 장치로 운반하고 지지체인 리드 프레임에 은페이스트(silver paste) 등의 접착제를 도포하여 고착하는 공정이다. 마운트라고도 한다.

다결정 실리콘 ➜ 60 페이지
Polycrystalline silicon

다결정 실리콘은 결정 방위가 무작위인 미세결정의 집합체이다. 반도체 재료용 단결정 실리콘을 만들려면 순도가 99.999999999%(11N's)인 재료가 필요하다.

다수 캐리어 ➜ 85 페이지
Majority carrier

반도체의 캐리어(반도체 중에서 전류의 공급원이 되는 전하를 운반하는 담당자)로 N형 반도체에서는 전자, P형 반도체에서는 정공이 다수 캐리어이다. 다수 캐리어는 진성반도체에 불순물을 첨가하여 만든 캐리어이다.

단결정 실리콘 ➔ 60 페이지
Monocrystalline silicon

매우 고순도이고 규칙적인 원자 배열(1개의 결정 내의 어느 부분을 들여다봐도 원자 배열의 방향이 모두 동일한 배열)을 갖는 반도체 재료용 실리콘 결정이다.

채널 길이 ➔ 22 페이지
Channel length

MOSFET 게이트 바로 아래의 소-스와 드레인 사이의 영역을 채널이라고 한다. MOSFET 가 켜지면 소-스에서 드레인을 향해 캐리어 (전자, 정공)가 주행하는 거리 방향이 채널 길이 이다.

채널 폭 ➔ 118 페이지
Channel width

MOSFET 게이트 바로 아래의 소-스와 드레인 사이의 영역을 채널이라고 한다. MOSFET 이 켜지면 소-스에서 드레인을 향해 캐리어 (전자, 정공)가 주행하는 방향의 채널 길이에 대해 수직 방향을 채널 폭이라고 한다.

제너 다이오드 ➔ 108 페이지
Zener diode (Voltage-regulator diode)

PN 접합 다이오드의 역방향 전압 특성인 항복 특성을 적극적으로 이용한 것이 제너 다이오드(정전압 다이오드)이다. 이 전압은 전류에 대하여 거의 일정하므로 정전압 회로의 기준 전압 등에 이용한다.

저항기

Resistor

일반적으로 저항이라고 부르는 전자 부품. 전기를 흐르기 어렵게 하는 전자 부품(수동 전자 부품). 전류를 제한하거나 적절한 전압을 출력한다.

디지털 IC

디지털 신호는 아날로그 신호를 "0"과 "1"로 수치화하여 표현한 것이다. "0"과 "1"은 '연속 값'이 아니라 불연속의 두 값이다. 수치화된 값은 디지털 전자기기에서의 정보 처리에 매우 적합하다. 디지털 신호란 아날로그 신호를 컴퓨터, 스마트폰 등의 고성능 전자기기용 정보 즉, 디지털 IC에 적합하도록 인위적으로 가공한 정보이다. 디지털 IC는 이 디지털 정보를 이용하여 다양한 논리 연산을 수행한다.

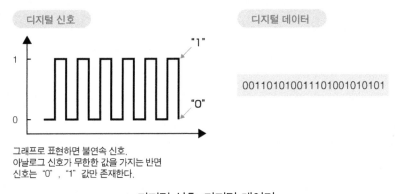

▲ 디지털 신호, 디지털 데이터

전위 장벽 ➜ 97 페이지

Potential barrier

다른 농도를 가진 반도체가 접합(예를 들어 PN 접합)할 때에 그 접합면에 형성된 전위차를 말한다.

전하
Charge

전자 등이 가지고 있는 전기의 양을 전기량 혹은 전하라고 한다. 즉 전하를 가진 다수의 전자가 금속 등의 도체 내를 이동하는 것이 전류이다. 전하에는 (+)인 양전하와 (−)인 음전하가 있다. 같은 부호끼리의 전하를 가까이 하면 반발하고, 다른 부호끼리의 전하를 가까이 하면 끌리는 힘이 전하 사이에 발생한다. 전하(전기량)의 단위는 쿨롱[C]으로 나타낸다.

전계
Electric field

기본적으로 전계란 전압을 걸었을 때 전기적인 힘이 영향을 미치는 주위(공간)라고 생각해도 좋을 것이다. 예를 들어 MOSFET의 채널 영역에 대한 설명에서 게이트에 전압을 인가하면 전계가 실리콘 산화막을 통해 반도체 기판에 영향을 미치므로 전자나 정공을 채널 영역에 끌어당긴다고 하였다. 즉 전계가 공간 내에 있는 전자나 정공을 끌어당긴 것이다. 전계는 거리가 가까우면 커지고 멀어지면 감소하여 작아진다. 전계 강도의 차원은 [V/L]로 나타내며 거리에 반비례 관계가 있다.

전기 저항률 ➔ 46 페이지

전기 저항은 전류 흐름을 방해하는 정도를 나타내는 수치이다. 전기 저항은 길이, 단면적 등에 영향을 받기 때문에 길이나 단면적에 관계없이 물질의 전기 저항을 나타내고 있는 것이 전기 저항률이다.

전자 ➔ 36 페이지
Electron

전자란 (−)의 전기를 가지고 있는 입자이다. 전선에 전류가 흐른다는 것은 전선 중에 전자가 흐르고 있다는 것이다. 따라서 전자는 전기의 원소라고 해도 좋을 것이다. 물질의 원천인 원자로 표현하면 모든 물질(원소)은 원자핵과 전자로 구성되며 원자핵 주위를 돌고 있는 것이 전자이다.

전자궤도 → 54 페이지
Electron orbital

원자핵의 주위를 돌고 있는 전자의 길(정확하게는 전자가 존재하는 확률 분포를 나타낸다.) 이다. 태양계를 돌아다니는 행성이 궤도에 따라 운행하고 있는 것과 비슷하지만 전자의 궤도 는 평면이 아닌 입체적인 구형이다.

전도대 → 64 페이지
Conduction band

에너지 대역 구조 중에서 전자에너지가 가장 큰 위치에 있는 에너지 대역이다. 본래는 전자 가 전혀 없지만 열에너지나 불순물 첨가 등에 의해 이동할 수 있는 자유전자가 존재할 수 있 다. 전도에 기여할 수 있는 에너지 대역이다.

전류 증폭율 → 115 페이지

바이폴라 트랜지스터에서 입력 베이스 전류에 대한 출력 컬렉터 전류의 증폭도를 전류 증 폭률 h_{fe}라고 말하며 트랜지스터 증폭도의 성능 지수를 나타낸다.

도체 → 39 페이지
Conductor

금속과 같이 전기를 잘 통하는(전류가 흐르기 쉽다.) 물질. 그것의 본질은 다량의 자유전자 (166 페이지)에 있다.

도너 → 79 페이지
Donor

진성반도체에 불순물(예를 들어 인)을 첨가하면 N형 반도체가 된다. 이 불순물을 전도대에 전자를 공급하는 것이라는 의미에서 공급자라고 한다. 공급자 불순물에는 인 외에 비소(As), 안티몬(Sb) 등이 있다.

도너 준위 → 80 페이지
Donor level

진성반도체에 불순물을 첨가하여 금지대에 생긴 새로운 에너지 준위이다. 전도대에 전자를 공급하는 것이 도너 준위이다.

트랜지스터 → 96 페이지
Transistor

전자기기에 사용되고 있는 가장 중요한 반도체 소자로써 신호 증폭, 스위칭 작용의 기능을 가지고 있다.

드레인
Drain

MOSFET는 게이트, 소-스, 드레인 3단자로 구성된다. 드레인은 MOSFET가 ON일 때 전자가 흐르는 출구(드레인)가 되는 단자이다.

열처리 장치 (어닐링: annealing 장치)

실리콘 웨이퍼에 900~1,100 ℃ 전후의 열을 가하여 화학반응이나 물리적 현상을 촉진시키는 장치이다. 열처리 장치 내에서는 이온 주입된 불순물 영역의 확산(불순물과 실리콘 원자가 상호 결합하게 한다.)이나 어닐링(이온 주입에 의해 변형된 결정 구조의 회복)을 수행한다.

바이폴라 트랜지스터 → 109 페이지
Bipolar transistor

N형과 P형의 반도체가 PNP 혹은 NPN의 접합 구조를 가지는 3 단자의 반도체 소자이다. 전자와 정공의 2종류를 캐리어로 이용하므로 바이폴라(쌍극성)라고 이름이 붙어 있다.

박막 형성 장치

반도체 소자의 형상이나 소재가 되는 산화 실리콘(절연막)이나 알루미늄(금속 배선막) 등의 박막층(10nm에서 $1\mu m$)을 실리콘 웨이퍼 표면에 형성하는 장치이다. 막제조 장치에는 3종류가 있다. ① 열산화로 : 산소 등의 가스를 주입하고 열산화로에 웨이퍼를 넣어 가열한다. ② CVD(Chemical Vapor Deposition)장치 : 특수가스를 공급하여 화학반응을 일으켜 웨이퍼 위에 실리콘 산화막, 폴리실리콘막 등을 형성한다. ③ 스퍼터장치 : 금속배선에 사용하는 알루미늄의 경우, 알루미늄 덩어리(타겟; target)에 이온을 충돌시켜 이때 이탈된 알루미늄을 웨이퍼 표면에 퇴적시킨다.

백그라인딩 장치 (후면연삭장치)

전공정의 웨이퍼를 1개 1개의 칩으로 절단하기 전에 웨이퍼 후면을 연삭하여 두께를 일정하게 마무리하는 후면연삭장치이다. SD 카드 탑재의 플래시 메모리 칩 등에서는 초박형화가 필요하고, 300mm 웨이퍼에서 $775\mu m$ 전후의 것을 $50 \sim 60\mu m$ 정도로 얇게 가공한다.

발광 다이오드
LED (Light Emmiting Diode)

전기신호(전기에너지)를 광 에너지로 변환하는 다이오드로 적 · 청 · 록의 가시광이나 눈에 보이지 않는 적외선, 자외선 등을 발광(방사)한다. 빛의 색상은 결정 재료(InGaAlP, GaN 등), 결정 혼합비, 결정 첨가 불순물에 의해 결정된다. 경마장, 야구장 등에서 보이는 거대 스크린은 빨강 · 파랑 · 녹색의 3색 발광 다이오드로 구성되어 있다.

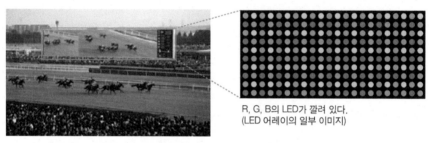

R, G, B의 LED가 깔려 있다.
(LED 어레이의 일부 이미지)

▲ 발광 다이오드를 사용한 거대한 스크린 (RGB의 3색 광으로 구성)

발광 다이오드의 기본 원리

발광 다이오드는 반도체 다이오드의 PN 접합(➜ 97 페이지)에 순방향 전압을 인가하였을 때에, P형 반도체(➜ 153페이지)로부터의 정공(➜ 187페이지)과 N형 반도체(➜ 152페이지)로부터의 전자(➜ 159페이지)가 이동하여 PN 접합 부근에서 전자와 정공이 서로 결합하여 소멸해 버리는 재결합이라는 현상이 일어난다. 이 재결합 후의 합산 에너지는 전자, 정공이 각각 가지고 있던 에너지보다 작아지기 때문에 그 에너지 차이가 빛이 되어 방사된다. 이것이 발광 다이오드의 발광 현상이다.

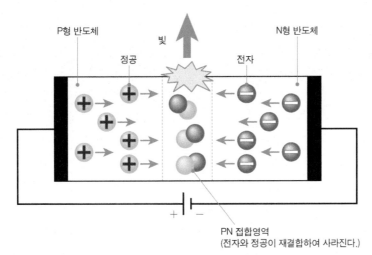

P형 반도체   빛   N형 반도체

정공   전자

PN 접합영역
(전자와 정공이 재결합하여 사라진다.)

▲ 발광 다이오드의 기본원리

전력 MOSFET

전력 MOSFET는 저손실 (ON 저항이 작음), 고속, 고전압, 큰 구동 전류 등의 특성이 요구된다. 따라서, 전력 MOSFET은 통상의 MOSFET가 전류를 2차원 방향 (수평)으로 흘리는 반면, 전류를 칩의 3차원 방향 (수직)으로 흐르게 하는 구조를 사용하여 다수의 트랜지스터를 병렬 접속하여 ON 저항을 줄이고 구동 전류를 증가시킨다.

전력 반도체

전력 반도체는 고전압·고전류(즉 고전력·고출력)로 전압, 전류, 주파수를 제어한다. 응용분야는 전기자동차(HV, EV), 열차, 5G 기지국, 산업기기, 태양광발전 등의 전력제어이다. 전력 반도체 소자는 실리콘 웨이퍼의 전력 MOSFET(➜ 179페이지)와 IGBT(➜ 149페이지)의 성능에서 더 이상 에너지 손실을 최소화하는 한계치에 다다르고 있어 차세대 실리콘카바이드 (SiC) (➜ 154 페이지)와 갈륨나이트라이드 (GaN) (➜ 147 페이지)에 대한 기대가 한층 높아지고 있다.

▲ 전력 반도체(SiC, GaN)가 기대되는 분야

반도체 ➜ 10 페이지

　실리콘 등의 반도체 재료로 만들어진 집적회로(➜ 166 페이지)라고 불리는 전자부품의 총칭. 반도체 메모리(➜ 182페이지), 마이크로프로세서(➜ 188페이지) 등으로 모든 전자기기 분야에서 사용되고 있다. 한편, 전기 저항관점에서 보면 전기 저항이 절연체(플라스틱, 고무 등)와 도체(금, 구리 등의 금속)의 중간에 위치하는 물질이다.

반도체 산업 ➜ 31 페이지

　반도체 산업은 전자부품인 개별 반도체 소자, 집적회로(IC, LSI) 등을 제조ㆍ판매하는 반도체 메이커를 정점으로 하는 산업이다. 그리고 이 반도체 제조업체를 지원하는 반도체 제조 장치, 설계 장치, 검사 장치ㆍ테스트시스템, 반도체 재료ㆍ부품, 반도체 공장 설비 등 많은 특징적인 폭넓은 반도체 관련 기업으로 이루어져 있다. 관련 산업 중 반도체 제조 장치, 재료 등의 분야에서는 일본 기업의 제품이 세계에서도 큰 점유율을 가지고 있다.

반도체 제조 장치산업 → 33 페이지

반도체 제조 장치산업은 반도체 산업을 지원하는 파트너로서 중요한 역할을 하고 있다. 최첨단 반도체 부품을 제조하는 반도체 제조 장치에는 물리화학, 기계공학, 전기공학, 재료공학을 비롯한 고분자 물리화학, 금속공학, 컴퓨터 제어공학 등 학제간 융합 기술이 필요하다.

반도체 센서

반도체 센서는 빛, 온도, 진동, 속도, 가스(이온) 등의 환경 변화가 반도체의 캐리어 농도, 공핍층(접합 용량), 표면 저항 등에 영향을 미치는 것을 이용하여 그것을 전압과 용량의 변화로서 검출하고 있다. 반도체 센서에는 광센서, 자기 센서, 압력 센서, 가속도 센서 등이 있다. 빛을 전기에너지로 변환하는 것이 광다이오드(→ 183페이지), 빛을 이미지 신호로 변환하는 것이 이미지 센서(→ 157페이지)이다. 현재 기기의 소형 경량화를 위해 반도체 미세 가공 기술 MEMS(→ 150페이지)에 의한 센서와 IC를 합체한 MEMS 센서의 개발이 활발해지고 있다.

반도체 부품 → 31 페이지

반도체를 이용한 전자부품으로 반도체 소자(개별 반도체)나 집적회로(IC, LSI)를 말한다.

반도체 메이커의 산업 형태 → 31 페이지

초기 반도체 제조사는 전자부품으로서 집적회로(IC, LSI)를 제조·판매하는 등 모든 것을 자사에서 수행하고 있었다(현재의 수직 통합형 메이커에 속한다). 그러나, 반도체 산업의 발전과 함께 ① 수직 통합형 메이커, ② 팹리스 메이커, ③ 파운드리(제조 수탁 메이커)와 같이 3종류의 형태로 분류·진화하고 있다.

반도체 메모리

정보(데이터나 프로그램)를 기억하는 LSI이다. 메모리 형태에는 전원을 끄면 정보가 사라져 버리는 컴퓨터나 PC에 사용하는 휘발성 메모리인 DRAM(146페이지) 등과 디지털카메라, 스마트폰에서 사용하는 전원을 꺼도 정보가 유지되는 비휘발성 메모리인 플래시 메모리(185페이지) 등이 있다.

대역폭 ➜ 67 페이지

전도대와 가전자대 사이의 전자가 존재할 수 없는 금지대의 폭이다.

비결정 실리콘 ➜ 61 페이지
Amorphous silicon

결정은 전혀 규칙성을 갖지 않고 완전히 무질서한 배열 구조의 실리콘이다.

비트, 바이트, 워드
bit, byte, word

컴퓨터에서 사용하는 정보 단위이다. 1 비트(bit)는 컴퓨터가 취급하는 최소 단위로 2진수의 1 자리수를 나타내고 표현할 수 있는 정보로써 "0"과 "1"의 2가지이다. 비트를 8개 모은 것이 바이트(byte)로, 1 바이트 =8 비트가 된다. 최근 CPU에서는 64비트가 주류로 되어 있지만, 이 64비트라는 크기가 워드(word)라는 단위이다.

컴퓨터 성능	메모리 성능	HDD 용량	처리 속도
32 비트 버전	2~4GB	~2TB	부하가 클수록 64 비트 버전이 빠르다.
64 비트 버전	8GB~2TB	2TB~	

1KB = 1,000B   1MB = 1,000KB   1GB = 1,000MB   1TB = 1,000GB

▲ 정보단위 비트, 바이트, 워드의 구성

파운드리 ➜ 32 페이지

Foundary semiconductor manufacturer

팹리스 기업이나 수직통합형 반도체 메이커로부터 위탁을 받아 제조만 수행하는 반도체 메이커이다.

팹리스 메이커 ➜ 32 페이지

Fabless semiconductor manufacturer

Fab(제조 공장 : Fabrication facility)을 갖지 않은 팹리스(Fabless) 업체로서 제조는 파운드리에 의뢰하는 반도체 메이커이다.

광다이오드

Photodiode

빛을 전기신호(전기에너지)로 변환하는 반도체 부품이다. 광다이오드의 친숙한 사용 예로는, TV 리모컨 조작 시의 TV 수신기 측에 있는 것이 광다이오드(적외선 센서)이다. 광다이오드는 P형과 N형 영역을 접합한 PN 접합으로 이루어져 있다. 이 반도체의 접합 영역에 빛이 입사하면 전자와 정공 쌍이 발생한다. 이때 전자는 N형 영역에, 정공은 P형 영역에 모여, 결과적으로 양쪽 전극부 부근에 모이게 된다. 이 상태에서 외부 부하를 접속하면 P형 영역에서는 정공, N형 영역에서는 전자가 반대 전극을 향해 이동하여 입사광 강도에 비례하는 전류를 흐르게 할 수 있다.

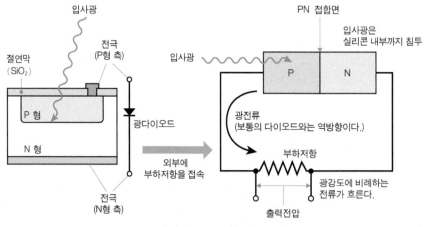

▲ 광다이오드의 원리와 구조

포토마스크
Photomask

집적회로의 제조 공정(리소그래피 : 사진 인쇄 기술)에서 사용하며 사진으로 말하면 네거티브 필름에 해당하는 회로 패턴이 그려진 석영 유리판이다. 집적회로를 실리콘 웨이퍼에 노광·전사할 때 원판이 된다.

포토레지스트
Photoresist

리소그래피 공정에서 사용하는 웨이퍼 상에 도포되는 감광제이다. 빛의 반응에 대해 2종류가 있으며 현상하면 포지티브형은 노광된 부분의 레지스트가 제거되고, 네거티브형은 노광된 부분의 레지스트가 남는다. 현재는 감도가 좋은 (미세화에 적응한 고해상성) 포지티브형이 주류를 이루고 있다.

불순물 반도체 ➜ 70 페이지
Extrinsic semiconductor

진성반도체에 붕소, 인 등을 첨가한 반도체(P형 반도체, N형 반도체)이다.

수율
Yield

반도체 제조 시의 각 공정에 있어서의 양품 비율이다. 일반적으로 단순히 수율이라고 하면, 완성된 웨이퍼의 최종 테스트에서 칩 양품율(양품 칩수/유효 칩수)을 말한다. 수율 저하의 주요 요인은 파티클에 의한 형상 불량은 물론, 금속 오염 등 눈에 보이지 않는 오염 인자도 반도체 소자에 큰 전기적 영향(예를 들어 MOS 트랜지스터의 내압, 누설 전류, 임계 전압 등)을 미치며 그 결과 품질 저하와 수율 저하의 원인이 된다.

플래시 메모리
Flash Memory

플래시 메모리는 전기적으로 데이터를 재기록(쓰기, 소거)할 수 있고, 전원을 끊어도 데이터를 유지할 수 있는 비휘발성 메모리이다. 디지털카메라와 스마트폰의 방대한 데이터 메모리(문서, 이미지 등)로 탑재되어 있다. 플래시 메모리는 그 구성 방법에 따라 NAND형과 NOR형으로 분류할 수 있지만, 현재는 칩 면적이 작아지는 NAND형이 많이 사용되고 있다. 플래시 메모리의 기본 구성은 MOSFET의 기본구조인 게이트(제어 게이트)에 저장 효과를 가진 새로운 게이트(floating gate; 부유 게이트)를 부가한 구조이다. 이 부유 게이트는 디지털 정보의 "0"과 "1"을 기억한다. 플래시 메모리(2차원, 평면 형태)는 최근에 3차원·입체화된 3DNAND 플래시 메모리(➜ 142페이지)로 진화해 메모리 용량의 대폭 증대 및 성능 향상에 공헌하고 있다.

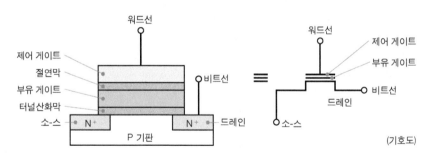

워드선 : 메모리 셀 어레이 중에서 하나의 행을 선택하기 위한 제어 신호선
비트선 : 메모리 셀 어레이 중에서 하나의 열을 선택하기 위한 제어 신호선

▲ 플래시 메모리의 기본 구조

프린트 기판
Printed circuit board

전기 회로가 배선되어 있는 프린트 배선판(PWB : Printed Wiring Board)에 트랜지스터, 저항, 콘덴서 등의 전자 부품을 실장한 것을 프린트 기판(PCB : Printed Circuit Board)이라고 한다. 일반적으로 프린트 보드의 정의는 이 두 가지 의미에 사용된다.

평탄화 CMP 장치

CMP(Chemical Mechanical Polishing) 장치는 반도체 공정 중에서도 비교적 새롭게 도입된 장치로, 반도체의 미세화·다층 배선화에 빠뜨릴 수 없는 웨이퍼 표면의 평탄화 기술이다. 슬러리라고 불리는 화학 연마제와 연마 패드를 사용하여 화학 작용과 기계적 연마의 복합 작용에 의해 웨이퍼 표면의 요철을 깎아 평탄화 한다.

베이스

바이폴라 트랜지스터는 NPN형, PNP형 모두 각각 베이스, 컬렉터, 이미터의 3단자가 있다. 트랜지스터 개발 초기의 점 접촉형 트랜지스터 구조에서부터 3단자명이 붙여져 있다. 베이스는 베이스 전류에 의해 컬렉터·이미터 사이의 전류를 제어한다.

베이스 영역

바이폴라 트랜지스터 구조의 NPN 또는 PNP에서 이미터와 컬렉터 사이에 끼워진 베이스 영역을 말한다. 매우 얇게 만드는 것이 중요하며 베이스 층의 두께는 트랜지스터 성능에 큰 영향을 미친다.

정공 ➜ 76 페이지
Hole

전자가 있어야 하는 장소에 존재하지 않을 때, 그 부분(구멍, 벗겨진 껍질)은 상대적으로 양전하를 갖는다. 이것을 음의 전하를 가진 전자에 대해 정공이라고 한다. 실리콘 반도체의 에너지 대역 구조에서 정공은 가전자대에서 전자가 존재하지 않는 구멍과 같은 곳이다. P형 반도체에서는 이 정공이 전기 전도에 기여한다.

다결정 실리콘 저항
Polysilicon resistance

실리콘 웨이퍼 위에 형성하는 저항으로 비교적 큰 저항값에 사용한다. 폴리실리콘에 불순물을 확산(이온주입)하여 저항값을 낮추어 금속 배선으로도 사용한다. 반도체 소자의 저항으로는 불순물 확산 영역을 사용하는 확산 저항도 있다.

마이크로프로세서

Microprocessor

고도의 수치 계산이나 연산 처리 기능을 가진 컴퓨터용 LSI. 컴퓨터의 중심 부분인 CPU (→ 145 페이지) 및 주변 제어 장치 등을 원칩으로 구성하여 PC의 심장부 등에 사용하고 있다. MPU라고 한다.

마이컴(마이크로 컴퓨터)

Microcomputer

마이컴은 마이크로컴퓨터의 약자로 컴퓨터 기능을 1개의 실리콘 칩상에 실현한 극소 마이크 로 프로세서이다. 그러나 현재는 거의 원칩 마이크로컴퓨터를 의미하고 컴퓨터의 기능을 좁히는 대신에 외장 메모리와 각종 주변 기능(주변 회로)을 동일 칩에 탑재하고 있다.

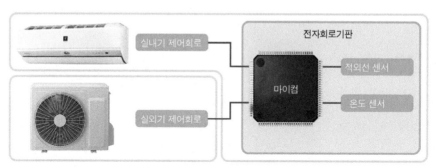

▲ 마이컴 제어에 의한 에어컨 동작 환경

멀티 코어

Multi core

멀티 코어(CPU)를 하나의 칩에 탑재한 프로세서이다. 멀티 코어 기술에서는 현재의 두 배에 해당하는 연산 성능을 얻으려고 할 때, 싱글 코어로 2배의 동작 주파수로 동작하는 것보다 동작 주파수를 동등하게 하고 2개의 CPU를 이용한 듀얼 코어로 하는 편이 보다 저소비 전력으로 실현할 수 있다. 싱글코어에서 동일한 연산 성능을 얻으려면 동작 주파수를 높여야 하며

(소비 전력은 동작 주파수에 비례) 또한 전원 전압도 높여야 한다(소비 전력은 전원 전압의 제곱에 비례). 그 결과, 듀얼 코어(CPU 2개)의 경우보다 훨씬 소비 전력이 커지게 된다. 그러나 프로세서 연산 성능은 CPU를 N개 사용했기 때문에 단순히 동작 속도가 N배 증가하는 것은 아니다. 멀티 코어의 프로세서 연산 성능을 원하는 값으로 만들기 위해서는 여러 CPU 동작을 통한 효과적인 프로그래머 병렬 처리가 매우 중요하다.

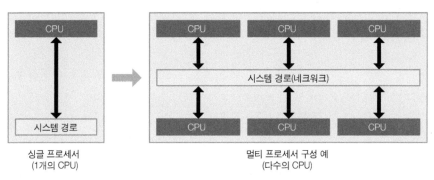

싱글 프로세서
(1개의 CPU)

멀티 프로세서 구성 예
(다수의 CPU)

시스템 경로 : 컴퓨터 내부에서 CPU와 다른 장치를 연결하기 위한 전송 경로

▲ 멀티 코어 (멀티 프로세서) 개념

누설 전류(기생 전류)

Leakage current

전자회로(IC, LSI) 동작 시에 본래 흐르지 말아야 할 장소나 경로에서 흘러나오는 전류(누설전류)이다. IC, LSI에서는 CMOS가 아닌 PMOS, NMOS의 논리 회로에서는 "0", "1" 중 어느 하나로 항상 누설 전류가 흐른다. 이것이 현재의 IC, LSI로 PMOS나 NMOS가 아니라 소비 전력이 적은 CMOS가 사용되는 이유이다.

그러나 CMOSFET에도 약간의 누설 전류가 있다. 즉, 문턱 전압(➔ 123 페이지) 이하에서도 문턱 전압에 가까이 접근하면 미세 전류가 흐르고 있다 (문턱 전압은 수직으로 상승하지 않는다). 현재와 같이 IC, LSI에 탑재하는 트랜지스터 수가 100만 개~수억 개가 되면 1개 1개의 누설 전류는 칩 전체에서는 큰 문제가 된다. 따라서 최근의 IC, LSI에서는 더욱 저전압화하거나 작동하지 않는 회로 블록에는 전원 공급을 차단시키는 등의 각종 연구가 이루어지고 있다.

리드프레임
Lead frame

IC, LSI 등의 패키지에 사용되는 금속 리드 재료

리소그래피
Lithography

포토마스크 원판에 그려진 반도체 소자(집적 회로, 개별 반도체)의 회로 패턴을 노광 장치를 통해 실리콘 웨이퍼(정확하게는 포토레지스트)에 전사하는 기술이다.

레이저 다이오드(반도체 레이저)
LASER Diode (Light Amplification by Stimulated Emission of Radiation Diode)

전기신호를 레이저 광으로 변환하는 광통신용 반도체 소자이다. 근거리에서는 발광 다이오드가 사용되는 경우도 있다. 뛰어난 단일 파장의 전자파로 변환하여 광파이버로 전송하고 이것을 원격지 수신기의 수광 소자(고성능 광다이오드)로 수신하여 정보를 전달/통신한다.

노광장치

반도체 제조에는 사진 인쇄 기술의 원리를 사용한다. 반도체 노광 장치는, 포토마스크의 회로 패턴을 매우 고성능인 렌즈로 실리콘 웨이퍼에 노광·전사하는 장치이다. 포토마스크 패턴을 축소하면서 웨이퍼에 전사하는 노광 장치는 사용하는 광원 파장과 렌즈 개구수(렌즈 특성을 나타내는 수치로 클수록 고해상도)에 의존한다. 광원 파장은 단파장일수록 해상도가 높아진다. 최첨단 IC, LSI 제조에는 EUV (극단 자외선 : 13.5nm)를 사용한 EUVL (➔ 147 페이지) 기술이 사용되고 있다.

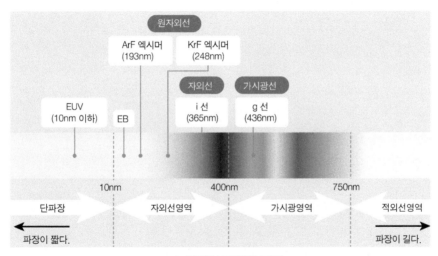

▲ 노광장치 광원의 파장

MEMO

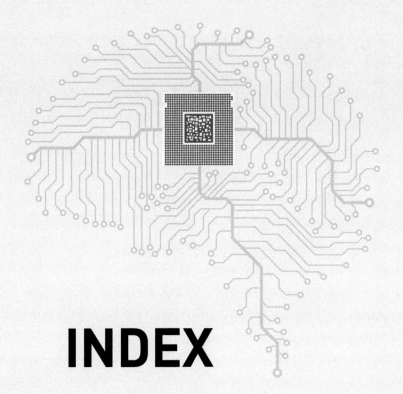

INDEX

저자 소개

西久保 靖彦 (니시쿠보 야스히코)

사이타마현 출생. 전기통신대학을 졸업한 후 시티즌 시계 주식회사 기술연구소, 다이니혼 인쇄 주식회사 일렉트로닉스 디자인 연구소, 이노텍 주식회사, 산에이 하이텍스 주식회사를 거쳐 현재 웨스트브레인 대표. 시즈오카 대학 객원 교수(2005.4~2018.3).

시티즌 시계에서 수정 손목시계용 CMOS·IC 개발을 시작으로 일본의 반도체 산업의 여명기부터 관여해 왔다. 저서는 「도해 입문 알기 쉬운 최신 반도체의 기본과 구조」「도해 입문 알기 쉬운 최신 디스플레이 기술의 기본과 구조」「도해 입문 알기 쉬운 CPU의 기본과 구조」(주식회사 슈와시스템 발행), 「도해 잡학 반도체의 구조」(주식회사 나츠메사), 「대화면 박형 디스플레이의 의문 100」(소프트뱅크 크리에이티브 주식회사), 「기본 ASIC 용어사전」(CQ 출판주식회사), 「기본 시스템 LSI 용어사전」(CQ 출판주식회사), 「회로 시뮬레이터 SPICE 입문」(일본 공업 기술 센터), 「LSI 디자인의 실태와 일본 반도체 산업의 과제」(반도체 산업 연구소) 등이 있다.

취미는 아마추어무선(JA1EGN, 1급 아마추어무선기사), 국내·해외를 불문하고 여기저기 달리는 여행

본문 일러스트

주식회사 매직 픽처

역자 소개

鄭鶴起 (정학기)

1983년 아주대학교 전자공학과 학사
1985년 연세대학교 전자공학과 석사
1990년 연세대학교 전자공학과 박사
1994-1995년 일본 오사카대학 Post Doc.
2004-2005 호주 그리피스대학 객원 연구원
2016-2017 호주 그리피스 대학 객원 연구원
1990~현재 국립 군산대학교 교수
[저서]
최신 물리전자공학 (세종출판사)
[역서]
반도체 소자원리 (진샘미디어)
기초회로실험 (한올출판사)
쉽게 배우는 반도체 (21세기사)
알기 쉬운 최신 반도체 제조장비의 기본과 구조 (21세기사)
알기 쉬운 최신 전력 반도체의 기본과 구조 (21세기사)

알기쉬운 최신 반도체의 동작 원리

1판 1쇄 인쇄 2024년 07월 01일
1판 1쇄 발행 2024년 07월 08일
저　　　자 니시쿠보 야스히코
옮 긴 이 정학기
발 행 인 이범만
발 행 처 **21세기사** (제406-2004-00015호)
　　　　　경기도 파주시 산남로 72-16 (10882)
　　　　　Tel. 031-942-7861　　Fax. 031-942-7864
　　　　　E-mail : 21cbook@naver.com
　　　　　Home-page : www.21cbook.co.kr
　　　　　ISBN 979-11-6833-157-0

정가 27,000원